Extremes Hochgeschwindigkeits-Laserauftragschweißen – Prozesstechnologische Untersuchung der Oberflächenbeschaffenheit von Beschichtungen

Extreme High-Speed Laser Material Deposition – Process-based Investigation of the Surface Quality of Coatings

Von der Fakultät für Maschinenwesen
der Rheinisch-Westfälischen Technischen Hochschule Aachen
zur Erlangung des akademischen Grades eines
Doktors der Ingenieurwissenschaften
genehmigte Dissertation

vorgelegt von

Matthias Brucki

Berichter:

Univ.-Prof. Dr. rer. nat. Constantin Leon Häfner
Univ.-Prof. Dr.-Ing. Uwe Reisgen

Tag der mündlichen Prüfung: 25. August 2023

ERGEBNISSE AUS DER LASERTECHNIK

Matthias Brucki

Extremes Hochgeschwindigkeits-Laserauftragschweißen – Prozesstechnologische Untersuchung der Oberflächenbeschaffenheit von Beschichtungen

Bibliografische Information der Deutschen Nationalbibliothek
Die Deutsche Nationalbibliothek verzeichnet diese Publikation in der Deutschen Nationalbibliografie; detaillierte bibliografische Daten sind im Internet über https://portal.dnb.de abrufbar.

Matthias Brucki:

Extremes Hochgeschwindigkeits-Laserauftragschweißen – Prozesstechnologische Untersuchung der Oberflächenbeschaffenheit von Beschichtungen

1. Auflage, 2023

Gedruckt auf holz- und säurefreiem Papier, 100% chlorfrei gebleicht.

Wissenschaftsverlag des Instituts für Industriekommunikation und Fachmedien an der RWTH Aachen
Steinbachstr. 25, 52074 Aachen
Internet: www.apprimus-verlag.de, E-Mail: info@apprimus-verlag.de

Druck: CPI Druckdienstleistungen GmbH
Ferdinand-Jühlke-Straße 7 | 99095 Erfurt

ISBN 978-3-98555-180-4

D 82 (Diss. RWTH Aachen University, 2023)

Danksagung

Diese Arbeit entstand neben meiner Tätigkeit als wissenschaftlicher Mitarbeiter am Fraunhofer-Institut für Lasertechnik (ILT). An dieser Stelle möchte ich mich bei allen Personen bedanken, die mich in dieser Zeit unterstützt sowie mittel- und unmittelbar zu dieser Arbeit beigetragen haben.

Herrn Prof. Dr. rer. nat. Constantin Häfner danke ich für die Betreuung der Arbeit, Herrn Prof. Dr.-Ing. Uwe Reisgen für die Übernahme des Koreferats und Herrn Prof. Dr.-Ing. Bernhard Hoffschmidt für die Übernahme des Prüfungsvorsitzes. Mein ausdrücklicher und herzlicher Dank gilt Dr.-Ing. Andres Gasser für sein in mich gesetztes Vertrauen, seine fachliche und persönliche Unterstützung und die wertschätzende Zusammenarbeit. In diesem Zusammenhang danke ich Dr.-Ing. Thomas Schopphoven für die Chancen, das Fordern und Fördern am ILT. Dr.-Ing. Edgar Willenborg und seiner Gruppe danke ich für den fachlichen Austausch. Meinen Mitarbeitern und Kollegen möchte ich besonders für die Arbeitsatmosphäre, den unermüdlichen Lerneifer und die Hilfsbereitschaft danken, welche zusammen mit dem am ILT gelebten Open Mindset ein außergewöhnliches Momentum erzeugen. Späte und nicht seltene Abende am Institut wurden durch gemeinsame sowie intensive Diskussionen wertvoll und durch neue Handlungsansätze und Zusammenhalt entlohnt.

Meinen Studenten für Master-, Bachelor-, Projektarbeiten (Übersicht in Kap. 8.4) und Studentischen Hilfskräften danke ich für Ihre Beiträge zu dieser Arbeit und die Entlastung im Labor, insbesondere: Eduard Paul Weisser, Tobias Schmickler, Lukas Kreinest, Tim Gaspers, Gesa Köhn-Otto, Christian Beckers, Stephan Petzold, Cristina Galusca und Viktor Glushych.

Von Herzen danke ich meiner Familie, meiner Partnerin und Freunden, die mich mit viel Geduld, Verständnis und Entlastung in dieser Zeit auch über die Entfernung unterstützt haben. Allen namentlich nicht genannten möchte ich danken, die in mir die Motivation und den Ehrgeiz entfacht haben, von der mittleren Reife in Husum zur Promotion in Aachen zu gelangen.

Kurzfassung

Eine effizientere Nutzung von natürlichen Ressourcen kann nicht nur die Umwelt schonen, sondern auch die Wettbewerbsfähigkeit von Unternehmen steigern. Für die damit einhergehenden Herausforderungen und kontinuierlich steigenden Anforderungsprofile an Bauteile sowie ihre Lebensdauer nimmt die Oberflächenveredelung eine Schlüsselrolle ein. So haben Bauteile mit dem Hintergrund einer gesteigerten Effizienz und Wirtschaftlichkeit eine längere Haltbarkeit sowie Lebensdauer zum Ziel, die jedoch in Folge von Schädigungsprozessen wie Korrosion und Verschleiß verkürzt wird. Anstelle eines Bauteils aus einem kostenintensiven Hochleistungswerkstoff, kann eine Beschichtung zum Schutz der Baueilrandzone aufgetragen und somit kostengünstig lokal Oberflächeneigenschaften eines Hochleistungswerkstoffs an der gefährdeten Funktionsfläche des Bauteils eingestellt werden.

Im Unterschied zu galvanotechnischen Verfahren und Thermischen Spritzverfahren kann beim Extremen Hochgeschwindigkeits-Laserauftragschweißen (EHLA) aufgrund einer schmelzmetallurgischen Anbindung der Beschichtung auf eine aufwendige Vorbearbeitung des Grundköpers zur Steigerung der Haftfestigkeit verzichtet werden. Daneben ist die Maßhaltigkeit der aufgetragenen Beschichtung für die Erfüllung von technischen Funktionen der Bauteile von Bedeutung, für welche Anforderungen an die geometrische Beschaffenheit der Oberfläche gestellt werden. Diese Anforderungen werden erst durch eine aufwändige Nachbearbeitung der beschichteten Bauteile mittels spanabhebender Verfahren, wie z. B. dem Schleifen oder Drehen erreicht, wodurch ein großes Interesse an Beschichtungen mit möglichst geringen Gestaltabweichungen im Vergleich zur angeforderten geometrischen Oberfläche besteht.

Im Hinblick auf die Bedeutung des neuartigen EHLA Verfahrens für eine effiziente Prozesskette bestehend aus den Schritten Vorbearbeitung, Beschichtung und Nachbearbeitung werden Untersuchungen zu der erforderlichen Oberflächenbeschaffenheit von Rohbauteilen (E355) und die im Prozess erzielbare Oberflächenbeschaffenheit von Beschichtungen (Inconel 625) durchgeführt. In der vorliegenden Arbeit werden die Wirkzusammenhänge von Prozesseinflussgrößen auf die erzielbare Oberflächenbeschaffenheit von Beschichtungen erforscht. Die Charakterisierung der Oberflächenbeschaffenheit erfolgt mittels Weißlichtinterferometers und Auswertung der Rauheitskenngrößen Ra, Rz sowie Sa. Das Beschichtungsvolumen oberhalb einer Schnittebene wird durch das Materialspitzenvolumen Vm(p) ermittelt und ist für die Nachbearbeitung hinsichtlich des abzutragenden Materialvolumens von Bedeutung. Mit der anschließenden Zerlegung der Beschichtungsoberflächen (Sa = 4,7 – 37 µm; Ra = 4,6 – 37 µm) in wellenlängenabhängige Anteile werden unterschiedliche Strukturgrößen dargestellt und ihre Entstehungsursachen analysiert.

Abstract

More efficient use of natural resources can not only protect the environment, but also increase the competitiveness of companies. Surface technology plays a key role in meeting the arising challenges and continuously increasing requirements for components and their service life. To achieve greater efficiency and cost-effectiveness, components must have a longer service life, which is shortened as a result of damage processes such as corrosion and wear. Instead of a component made of a cost-intensive high-performance material, a coating can be applied to protect its surface area. In this way, local surface properties of a high-performance material can be provided in the critical functional area of the component at low cost.

In contrast to electroplating and thermal spray techniques, extreme high-speed laser material deposition (EHLA) eliminates the need for costly pre-machining of the base body, due to a metallurgical bonding of the coating while increasing the adhesion. In addition, the dimensional accuracy of the applied coating is important for the fulfillment of technical functions of the components, for which requirements are placed on the geometric properties of the coating. These requirements can only be met by extensive post-processing of the coated components through machining processes such as grinding or turning. This results in a great interest in coatings with a small shape deviation compared to the required geometric surface.

Considering the novel EHLA technology integrated in the process chain with the process steps pre-machining and post-machining, the required surface pre-condition of unmachined parts for the coating process and the achievable surface quality of coatings in the process are investigated. In the dissertation, the interdependencies of process parameters on the achievable surface quality of coatings are investigated. The surface quality of the applied coating surfaces is characterized using a white-light interferometer and evaluation of the roughness parameters Ra, Rz and Sa. The coating volume above a cutting plane is determined by the volume material portion Vm(p) and is relevant for the post-processing regarding the material volume to be stripped. With the subsequent separation of the coating surface into wavelength-dependent components, different structure dimensions are represented, and their causes analyzed. The base material E355 was pre-machined by grinding, turning, sandblasting and the applied coatings made of Inconel 625 achieved a roughness of Sa = 4.7 – 37 µm (Ra = 4.6 – 37 µm).

Inhaltsverzeichnis

1 Einleitung

Der Umgang mit zunehmend knapper werdenden natürlichen Ressourcen, insbesondere Mineralien, Metallerzen, Biomasse sowie fossilen Energieträgern ist ein zentrales Zukunftsthema für unsere Gesellschaft. Weltweit verdoppelte sich der Rohstoffverbrauch im Zeitraum 1980 – 2010, während das oft als Treiber für Beschäftigung und Wohlstand geltende Wirtschaftswachstum gemessen am weltweiten realen Bruttoinlandsprodukt im gleichen Zeitraum um das Dreifache angestiegen ist. Aus ökologischer, wie auch ökonomischer Sicht besteht ein großes Interesse den positiven Trend des Wirtschaftswachstums von der Rohstoffnutzung zu lösen. [1 bis 3] Diese Entkopplung ist in Deutschland, wie auch anderen führenden Industrienationen ein ressourcenpolitisches Ziel, das durch die Rohstoffproduktivität (Verhältnis von Bruttoinlandsprodukt zu Rohstoffverbrauch) gemessen werden kann. Neben der Senkung des Energie- und Materialverbrauchs sind auch erweiterte Maßnahmen zur Steigerung von Produktlebenszyklen bis zur Verwertung von Reststoffen für die ganzheitliche Betrachtung der Effizienz von Bedeutung. [4]

In Deutschland stellen die Materialaufwendungen bestehend aus Materialverbrauch und Handelsware durchschnittlich mit einem Anteil von 56,2 % am Bruttoproduktionswert die größte Kostenposition im verarbeitenden Gewerbe dar und nehmen damit einen großen Stellenwert ein. [5] Durch die effiziente Nutzung von Ressourcen können Unternehmen somit nicht nur die Umwelt schonen, sondern auch ihre Wettbewerbsfähigkeit steigern. Für die damit einhergehenden Herausforderungen und kontinuierlich steigenden Anforderungsprofile an Bauteile und ihre Lebensdauer nimmt die Oberflächenveredelung eine Schlüsselrolle ein.

So haben Bauteile mit dem Hintergrund einer gesteigerten Effizienz und Wirtschaftlichkeit eine längere Haltbarkeit sowie Lebensdauer zum Ziel, die jedoch in Folge von Schädigungsprozessen wie Korrosion und Verschleiß verkürzt wird. In der technischen Praxis stellt die oberflächennahe Randzone den am höchsten beanspruchten Bereich eines Bauteils dar. Verschleiß-, Korrosions- und Temperaturbeanspruchungen führen in der Regel an der Oberfläche oder oberflächennahen Bereichen zu Werkstoffschädigungsprozessen, die in Kombination mit nicht an den Anwendungsfall angepassten physikalischen Eigenschaften der äußeren Bauteilrandzone zu ca. 85 % aller Schadensfälle führen [6]. Nach einer Studie von NACE International aus dem Jahr 2016 beträgt der weltweite verursachte Schaden allein durch Korrosion 3,4 % des globalen Bruttoinlandprodukts [7]. Anstatt einen kostenintensiven Hochleistungswerkstoff für die Herstellung des Bauteilkörpers zu verwenden, kann zum Schutz der Randzone eine Beschichtung aufgetragen und somit kostengünstig lokal Oberflächeneigenschaften eines

Hochleistungswerkstoffs an der gefährdeten Funktionsfläche des Bauteils eingestellt werden.

Abhängig von den geforderten Oberflächeneigenschaften können unterschiedliche Beschichtungsverfahren eingesetzt werden, die als Bestandteil einer bestehenden Prozesskette auch aufgrund der Anforderungen an vor- und nachgelagerte Prozessschritte zu deutlichen Unterschieden in der Wirtschaftlichkeit für die Herstellung des Bauteils führen. Im Unterschied zu galvanotechnischen Verfahren und Thermischen Spritzverfahren kann beim Laserauftragschweißen (LA) aufgrund einer schmelzmetallurgischen Anbindung der Beschichtung auf eine aufwendige Vorbearbeitung des Grundköpers zur Steigerung der Haftfestigkeit verzichtet werden. Jedoch sind im Verhältnis zu bestehenden Beschichtungsverfahren die mittels Laserauftragschweißen erreichbaren Flächenraten für die Bearbeitung von Oberflächen zu gering und die erzielbaren Schichtdicken zu groß. Durch die Herstellung dünnerer Beschichtungen mit höherer Flächenrate bietet das neuartige Extreme Hochgeschwindigkeits-Laserauftragschweißen (EHLA) als eine Variante des Laserauftragschweißens ökonomische und ökologische Vorteile hinsichtlich des Material- und Bearbeitungsaufwands von Bauteilen.

Darüber hinaus ist die Maßhaltigkeit der aufgetragenen Beschichtung für die Erfüllung von technischen Funktionen der Bauteile von Bedeutung, für welche neben tolerierten Maß-, Form- und Lageabweichungen auch Anforderungen an die geometrische Beschaffenheit der Beschichtung gestellt werden. Oftmals werden diese Anforderungen erst durch eine aufwändige Nachbearbeitung der beschichteten Bauteile mittels spanabhebender Verfahren, wie z. B. dem Schleifen oder Drehen erreicht, wodurch ein großes Interesse an Beschichtungen mit möglichst geringen Gestaltabweichungen im Vergleich zur angeforderten geometrischen Oberfläche besteht.

Im Hinblick auf die Bedeutung des neuartigen EHLA-Verfahrens für eine effiziente Prozesskette bestehend aus den Schritten Vorbearbeitung, Beschichtung und Nachbearbeitung sind bislang keine systematischen Untersuchungen zu der erforderlichen Oberflächenbeschaffenheit von Bauteilen und die im Prozess erzielbare Oberflächenbeschaffenheit von Beschichtungen durchgeführt worden. Demzufolge existiert keine Kenntnis über das Anforderungsprofil der Vorbearbeitung und kein Prozessverständnis hinsichtlich der Wirkzusammenhänge von Prozesseinflussgrößen auf die erzielbare Oberflächenbeschaffenheit von EHLA-Beschichtungen. Das Ziel der vorliegenden Arbeit ist die Erforschung dieser Wirkzusammenhänge. Die Untersuchungen werden an unterschiedlichen technischen Oberflächen durchgeführt, die mittels Drehens, Schleifens und Sandstrahlens vorbearbeitet sind. Die Charakterisierung der Oberflächenbeschaffenheit der applizierten Beschichtungsoberflächen erfolgt mittels Weißlichtinterferometers und Auswertung der Rauheitskenngrößen Ra, Rz sowie Sa. Das Beschichtungsvolumen oberhalb einer Schnittebene wird durch das Materialspitzenvolumen Vm(p) ermittelt und ist für die Nachbearbeitung hinsichtlich des abzutragenden

Materialvolumens von Bedeutung. Mit der anschließenden Zerlegung der Beschichtungsoberfläche in wellenlängenabhängige Anteile werden unterschiedliche Strukturgrößen dargestellt und ihre Entstehungsursachen analysiert.

2 Stand der Technik und Wissenschaft

Zunächst sollen die Grundlagen der Beanspruchung und Schädigungsprozesse von Bauteilen betrachtet werden. Anschließend werden gängige Beschichtungsverfahren mit typischen Beschichtungsdicken und Haftungsmechanismen für den Schutz der Bauteilrandzone vorgestellt. Für die Funktionserhaltung ist die Oberflächenbeschaffenheit der Bauteile von wesentlicher Bedeutung, für welche Charakterisierungsmethoden, Fertigungsverfahren und Kenngrößen vorgestellt werden. Mit Betrachtung der Grundlagen und industriellen Anwendungen der Oberflächentechnik wird der Stand der Technik und Wissenschaft abgebildet, um die Relevanz der Themenstellung dieser Arbeit einzuordnen.

2.1 Beanspruchung und Schutz von Bauteilen

Im ökologischen wie auch ökonomischen Interesse haben Bauteile eine lange Lebensdauer zum Ziel, die jedoch in Folge von steigenden Anforderungsprofilen und damit verbundenen Schädigungsprozessen der Bauteilrandzone verkürzt wird. Dabei werden an den Grundwerkstoff oftmals andere Anforderungen als an die Randzone gestellt [8]. Die konstruktive Sicherheit des mechanisch beanspruchten Bauteils wird nach Festigkeitskriterien ausgelegt und bezieht sich oftmals auf das Bauteilvolumen, während für die Langlebigkeit der beanspruchten Randzone des Bauteils komplexe tribologische Prozesse berücksichtigt werden. Die tribologische Beanspruchung der Randzone eines festen Körpers durch Kontaktbeanspruchung und Relativbewegung eines festen, flüssigen oder gasförmigen Gegenkörpers kann zu Verschleiß führen, wodurch der Kenntnis, der dabei auf die Grenzschichten wirkenden Verschleißmechanismen für die Wahl der Werkstoffe und Oberflächenbeschaffenheit eine besondere Bedeutung zukommt. [8 bis 11]

Grenzschichten einer metallischen Oberfläche

Der tribologische Kontakt zwischen Körpern findet in Grenzschichten (Abbildung 1) der Bauteilrandzone statt, bei welchen physikalische und chemische Wechselwirkungen zu Oberflächen- und Formveränderungen führen können. Dabei sind die Eigenschaften der Grenzschichten nicht mit den Werkstoffeigenschaften des Bauteilvolumens vergleichbar, wodurch eine Ermittlung des Eigenschaftsprofils der Randzone oftmals schwierig oder nur im Anwendungsfall möglich ist. [8]

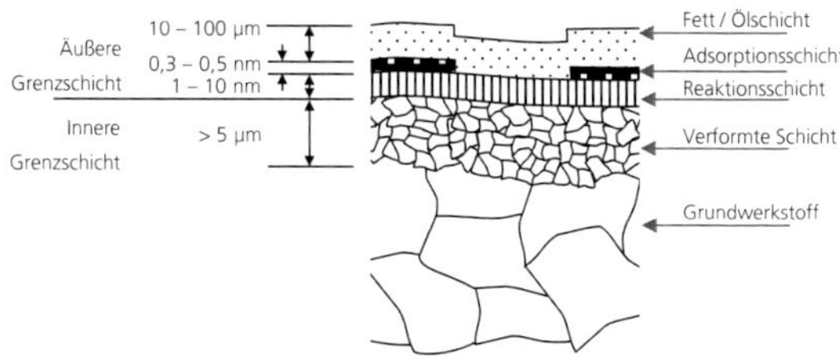

Abbildung 1: Schematischer Aufbau technischer Grenzschichten einer metallischen Oberfläche nach [8, 11]

Während die innere Grenzschicht durch die nachträgliche Bearbeitungsmethode des Grundkörpers und ihren Verfestigungs- oder Verformungszustand geprägt ist, zeigt die äußere Grenzschicht an der Grenzfläche eine meist fest anhaftende Reaktionsschicht (bestehend aus Reaktionsprodukten wie z. B. Oxiden), die chemisch fest an den Grundwerkstoff gebunden ist. Sie wird von einer darüber liegenden Adsorptionsschicht (aus werkstofffremden Stoffen wie z. B. Wasser, Sauerstoff) bedeckt, an der Verunreinigungen (z. B. Fett, Staub) anhaften. Der Begriff Oberfläche umfasst die in Abbildung 1 dargestellten Grenzschichten, welche einem tribologischen System, bestehend aus dem Wirkflächenpaar, Zwischenstoff (z. B. Schmierstoff) und dem Umgebungsmedium, als Wirkflächen für seine Funktion dienen. Neben den stofflichen Aspekten wie der chemischen Zusammensetzung, des Gefüges und der Härte der Oberfläche, ist für die Kontaktfläche insbesondere die geometrische Gestalt der Oberfläche von Bedeutung. [8, 10]

Tribologische Beanspruchung von Oberflächen

Im Kontaktbereich eines tribologischen Systems führen physikalische und chemische Wechselwirkungen zur Stoff- und Formänderung der Kontaktpartner, welche durch die wesentlichen, nur in seltenen Fällen einzeln auftretenden Verschleißmechanismen Adhäsion, Abrasion, Oberflächenzerrüttung, tribochemische und tribophysikalische Reaktion beschrieben werden (Abbildung 2). Durch die Überlagerung der Verschleißmechanismen im Anwendungsfall kann ein Verschleißverhalten meistens nur theoretisch abgeschätzt und erst experimentell bestimmt werden.[8]

Abbildung 2: Verschleißmechanismen bei tribologischer Beanspruchung [8, 12]

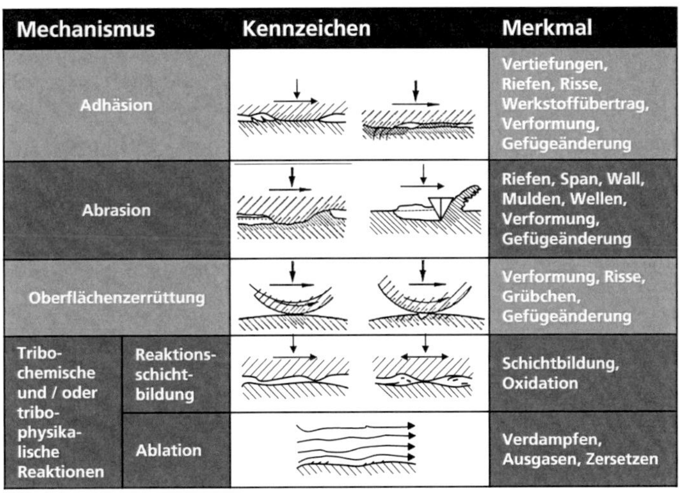

Infolge eines großen Elastizitätsmoduls und großer Streckgrenze von metallischen Werkstoffen erfolgt die Kraftübertragung lokal an Kontaktstellen der Oberflächen, den sog. Wirkflächen, womit sich die wahre Kontaktfläche selbst bei feinst bearbeiteten Körpern und großen Lasten wesentlich von der geometrischen Kontaktfläche (Kap. 2.3) unterscheidet. So wird bei einem ruhenden Kontakt die wahre Kontaktfläche durch die Wirkung von Normalkräften stetig vergrößert, bis diese der Belastung standhält. [8]

Wirken Normal- und Schubspannung, wird beim Verschleißmechanismus der Adhäsion durch eine elastisch-plastische Verformung die Adsorptions- und Reaktionsschicht zerstört, wodurch metallisch blanke Kontaktstellen der sich relativ zueinander bewegenden Körper atomare Bindungen durch molekulare Wechselwirkungen eingehen. Verfügen die ausgebildeten Haftbrücken über eine große Festigkeit, kann die nachfolgende Trennung außerhalb des Bindungsbereichs stattfinden, wodurch Material abgetragen sowie übertragen wird und Verschleiß eintritt. Neben der Anpassung der Kontaktgeometrie, kann die Adhäsion u. a. durch den Aufbau von Schmierfilmen mit Bildung von Reaktionsschichten, der Kombination von Werkstoffen mit unterschiedlicher Struktur (z. B. Metall/Kunststoff), heterogenen Gefügen (z. B. karbidreiche Werkstoffe) und ungleiche Kristallstrukturen (z. B. kfz/krz) angepasst werden. [8, 10, 11]

Abrasion ist durch den tribologischen Kontakt mit einem beträchtlich härteren und raueren Körper, als dem tribologisch beanspruchtem Grundkörper oder dem Eindringen harter Abrasivpartikel in einen weicheren Grundkörper ausgeprägt [10]. Führen beide Beanspruchungskörper eine Relativbewegung aus, kann abrasiver Verschleiß durch unterschiedliche Materialabtrennprozesse entstehen. Durch die Wirkung eines abrasiven Körpers auf einen duktilen Werkstoff werden Verformungs- und Zerspanungsprozesse eingeleitet, die das Material durch das Mikropflügen stark plastisch verformen und zu den Furchungsrändern hinaufwerfen, während beim Mikrospanen ein Materialvolumen entsprechend zur Verschleißfurche abgetragen wird. Enthält der Werkstoff Sprödphasen, treten beim Mikrobrechen oberhalb einer kritischen Belastung über die Rissbildung und Rissausbreitung letztlich Materialausbrüche ein. Bei spröden Werkstoffen ist der Anteil des Mikropflügens und Mikrozerspanens gegenüber dem Mikrobrechen wesentlich kleiner. [10, 11]

Wird die Oberfläche eines Festkörpers einer zyklischen Beanspruchung ausgesetzt, kann bei der Oberflächenzerrüttung die Akkumulation von Deformationsprozessen mit Rissbildung und Rissausbreitung unter fortgesetzter Beanspruchung zu Materialausbrüchen führen. Im Gegensatz zur Abrasion, bei welcher durch einen Beanspruchungsprozess Material abgetragen wird, geht bei der Oberflächenzerrüttung eine verschleißlose Inkubationsphase bis zum Materialausbruch voraus. Diese ist durch eine makroskopisch elastische Belastung ausgeprägt, während sich auf mikroskopischer Ebene Versetzungsbewegungen zu Hindernissen formieren und infolge das weitere Energieaufnahmevermögen des Werkstoffs derart begrenzen, dass Risse ausgebildet werden. Der Verschleißmechanismus der Oberflächenzerrüttung ist bei periodischen Zug- und Druckbelastungen der Oberfläche, wie in Wälzlagern oder Zahnradpaarungen besonders ausgeprägt, welchem mit Druckeigenspannungen in der Oberfläche begegnet werden kann. [8, 11]

Bei tribochemischen Reaktionen reagieren Grundkörper, Gegenkörper, Zwischenstoff und Umgebungsmedium durch die tribologische Beanspruchung chemisch miteinander, sodass mit der Relativbewegung neue Reaktionsprodukte erzeugt und abgerieben werden. [8, 10] Infolge von reibbedingter thermischer und mechanischer Aktivierung besitzen umgebende Flächen der Kontaktbereiche eine erhöhte chemische Reaktionsbereitschaft, wodurch hier Reaktionsprodukte wie Oxide gebildet werden, welche jedoch nur ein begrenztes Deformationsvermögen besitzen und vielmehr durch sprödes Ausbrechen Verschleißpartikel bilden [10]. Während die Reaktionsschicht durch ihre oxidischen Verschleißpartikel die Abrasionswirkung steigern kann, wird die Adhäsionsneigung durch eine anhaftende Oxidschicht verringert. [8]

Die Ablation beschreibt den Materialverlust durch eine hohe Energiedichte an der Oberfläche im tribologischen Prozess, bei welchem Material sublimiert oder abgeschmolzen wird. Bremsbeläge und Hitzeschilde für die Raumfahrt sind hierfür bekannte Beispiele. Da der Verschleißmechanismus im praktischen Gebrauch von metallischen Oberflächen selten eintritt, wird auf diesen nicht näher eingegangen. [8, 12]

Daraus kann abgeleitet werden, dass die Beschaffenheit der Oberfläche einen wesentlichen Einfluss auf die tribologischen Eigenschaften und den damit verbundenen Verschleiß nimmt. Neben den werkstofftechnischen Aspekten entscheidet oftmals die geometrische Wirkfläche eines Körpers über das Verschleißverhalten mit seinem Gegenkörper. Als Spezifikation für verschleißbelastete Oberflächen können der Traganteil und die Rauheit eine entscheidende Kenngröße darstellen, wie z. B. als Anforderungskriterium für die Oberflächenbeschaffenheit von Kolbenstangen für Hydraulikzylinder. Der effiziente und sichere Betrieb hydraulischer Systeme lässt möglichst keine Leckage und nur geringe Reibungsverluste am Dichtsystem zu, welcher u. a. neben der Dichtringart und dem Dichtungswerkstoff wesentlich von der Stangenoberfläche beeinflusst wird [13]. Der Dichtungssystemlieferer Trelleborg AB Sealing Solutions gibt als Empfehlung für die Gegenlaufflächen seiner Dichtungssysteme für Kolbenstangen eine Rauheit von Ra = 0,1 – 0,4 µm und einen Traganteil von 50 – 70 % an, während Parker-Hannifin Corporation eine Rauheit von Ra = 0,4 µm und einen Traganteil von 60 – 80 % empfiehlt [14]. Hierbei kann durch eine gezielte Oberflächenbeschaffenheit z. B. mittels Rauheitsstrukturen das Aufnahmevermögen der Oberfläche für den Schmierfilm angepasst werden. Beispiele für Schadensbilder beim Betrieb außerhalb des genannten Anforderungsbereichs können u.a. Verschleiß des Dichtsystems infolge eines Trockenlaufs oder ein gesteigertes Leckageverhalten darstellen.

Korrosive Beanspruchung von Oberflächen

Nach [15] ist die Korrosion als eine „physikochemische Wechselwirkung zwischen einem metallischen Werkstoff und seiner Umgebung, die zu einer Veränderung der Eigenschaften des Metalls führt und die zu erheblichen Beeinträchtigungen der Funktion des Metalls, der Umgebung oder des technischen Systems, von dem diese einen Teil bilden, führen kann" definiert und ist demnach keine reine Materialeigenschaft, sondern eine System- bzw. Bauteileigenschaft [16].

Die Erscheinungsform und Geschwindigkeit der Korrosion wird maßgeblich durch die Eigenschaften des Werkstoffs, des Mediums, in welchem der Korrosionsvorgang stattfindet und die Belastungen, die auf den Werkstoff wirken bestimmt (Abbildung 3). Die Temperatur ist ein weiterer wesentlicher Einflussfaktor, mit der ein Anstieg der Korrosionsrate, bedingt durch einen Anstieg aller

Diffusionskoeffizienten der beteiligten Stoffe und der Erhöhung der Dissoziation von Wasser, bestimmt wird [17].

Abbildung 3: Wechselwirkung der Einflussfaktoren auf die Korrosion nach [12]

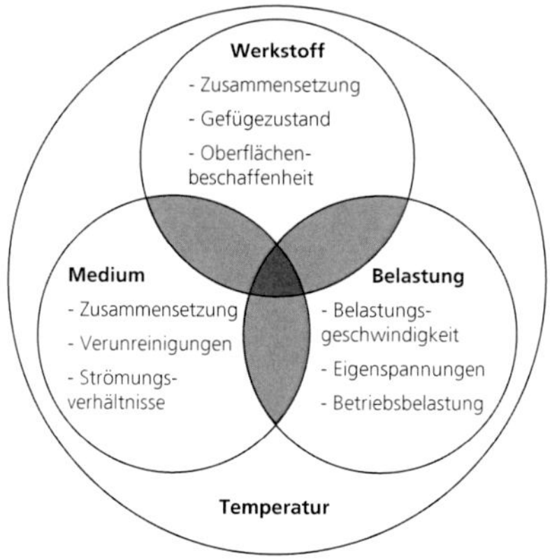

Dabei kann die Korrosionsrate ausgehend vom Faraday-Gesetz (2.1) mit Massenverlust Δm, der dafür erforderlichen Ladungsmenge ΔQ, molare Masse des aufgelösten Stoffes M, seiner Wertigkeit z (Ladungszahl der entstandenen Ionen) und Faraday-Konstante F bestimmt werden als:

2.1
$$\Delta m = \frac{M * \Delta Q}{z * F}$$

Für ΔQ gilt Gleichung (2.2) mit Elektronenfluss (Stromstärke) infolge der Metallauflösung I und Korrosionszeit Δt:

2.2
$$\Delta Q = I * \Delta t$$

Daraus folgend kann der Masseverlust Δm in Abhängigkeit des fließenden Stroms und der Korrosionszeit nach [16, 18] et al. mit Gleichung (2.3) berechnet werden:

2.3
$$\Delta m = \frac{M * I * \Delta t}{z * F}$$

Durch Einsetzen der Stromdichte i (2.4) mit der Korrosionsfläche A:

2.4
$$i = \frac{I}{A}$$

kann die Korrosionsrate k_{korr} mittels Beziehung (2.5):

2.5
$$k_{korr} = \frac{\Delta m}{\Delta t * A} = \frac{i * M}{z * F}$$

ermittelt werden, die in direkter Abhängigkeit zu der Oberfläche des Werkstücks A steht, welche die Kontaktfläche zum Korrosionsmedium darstellt. Die Abhängigkeit der Korrosionsneigung von der Oberflächenbeschaffenheit industriell relevanter Korrosionssysteme konnte für Edelstähle in einer NaCl-Lösung [19, 20] sowie für Nickelwerkstoffe in Schwefelsäure dissoziierter wässriger Lösung [21, 22] experimentell nachgewiesen werden. Für Oberflächen mit gesteigerter Rauheit konnte ein gestiegenes Lochfraßverhalten gegenüber Oberflächen mit kleiner Rauheit festgestellt werden.

Die Beanspruchung von Oberflächen infolge von Korrosion und Verschleiß kann somit die Bauteilfunktion beeinträchtigen und zum Bauteilversagen führen, was mit hohen Reparatur- und Folgekosten verbunden sein kann [12, 23]. Durch ihre Fähigkeit, Oberflächen von Grundkörpern an ihr Beanspruchungsprofil anzupassen, stellen Beschichtungsverfahren einen zunehmenden Wettbewerbsfaktor zum Erreichen kontinuierlich steigender technischer und preislicher Anforderungen an Bauteile dar.

Schutz von Oberflächen

Im Folgenden werden gängige Beschichtungsverfahren mit typischen Beschichtungsdicken und Haftungsmechanismen betrachtet, um das in dieser Arbeit verwendete EHLA-Verfahren technisch einzuordnen.

Das Beschichten ist nach DIN 8580 ein Fertigungsverfahren, welches zur Herstellung von geometrisch bestimmten festen Körpern dient und durch das Aufbringen einer fest haftenden Schicht aus formlosem Stoff auf ein Werkstück ausgeprägt ist [24], wodurch das EHLA-Verfahren dem Beschichten zugeordnet wird. Dabei werden die Beschichtungseigenschaften auf das Anforderungsprofil der technischen Oberfläche ausgerichtet, welche oftmals bereits über die Wahl des anzuwendenden Beschichtungsverfahrens entscheiden. Sowohl das Beschichtungsverfahren als auch der Vorbearbeitungszustand des zu beschichtenden Werkstücks nehmen einen wesentlichen Einfluss auf die Haftungsmechanismen zwischen der Oberfläche des Grundwerkstoffs und der Beschichtung, die nach [25] in fünf unterschiedliche Arten gegliedert und beschrieben werden können (Abbildung 4).

Bei der mechanischen Verklammerung liegt eine formschlüssige Verbindung mit der Beschichtung vor, deren Haftvermögen von der Anzahl an Kavernen, Hohlräumen und Hinterschneidungen in der Oberfläche des Grundkörpers abhängt.

Beim Haftungsmechanismus der Diffusion ist die Löslichkeit der beiden Verbundpartner für den Diffusionsübergang und die Ausbildung einer Interdiffusionszone voraussetzend. Bei der Pseudodiffusion werden Schichtatome in das Gitter des Grundwerkstoffs mittels großer äußerer Energieeinwirkung eingebracht, ohne dass eine Löslichkeit der Verbundpartner vorliegt.

Abbildung 4: Haftungsmechanismen zwischen Oberflächenwerkstoff und Grundwerkstoff nach [25]

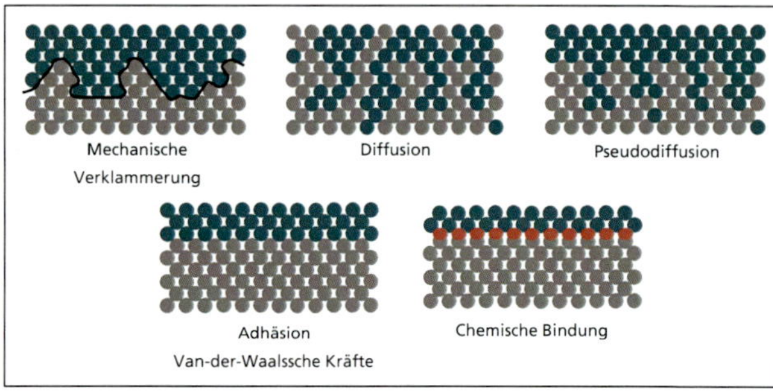

Bei der Adhäsion verfügen die Verbundpartner über keine Löslichkeit für Diffusionsvorgänge, diese werden jedoch über die Kohäsionskräfte der jeweiligen Verbundpartner mittels Van-der-Vaals-Kräfte zusammengehalten. Bei der chemischen Bindung führen chemische Reaktionen der Verbundpartner zur Ausbildung eines Verbindungsübergangs, welche in metallische, ionische und kovalente Bindungen unterschieden werden. Die jeweiligen Haftungsmechanismen basieren auf einem Idealfall und treten in der praktischen Anwendung oftmals als Kombination auf, die stark von dem eingesetzten Beschichtungsverfahren und Werkstoffsystem der Verbundpartner abhängt. [25] Neben den Haftungsmechanismen stehen je nach erforderlicher Schichtdicke unterschiedliche Beschichtungsverfahren zur Wahl, wovon die wesentlichen industriell etablierten Verfahren in Abbildung 5 mit Beispielen für verwendete Beschichtungswerkstoffe dargestellt sind [26].

Abbildung 5: Beschichtungsverfahren nach typischer Schichtdicke und Beschichtungswerkstoffe [26]

Beschichtungsverfahren	Typische Schichtdicken [µm]	Beschichtungswerkstoffe
PVD (Physical Vapor Deposition)	1 bis 5	TiC, TiN
CVD (Chemical Vapor Depositon)	1 bis 50	SiC
Lackieren	1 bis 10	Polymere
Thermisches Spritzen	40 bis 3000	Metalle und Keramik
Hartverchromen	10 bis 100	Chrom, Nickel
Auftragsschweißen	500 bis 5000	Stähle, Stellite
Verzinken	1 bis 150	Zink

Dabei bezeichnet die typische Schichtdicke die im gewöhnlichen Arbeitsbereich des jeweiligen Verfahrens erzeugbare Schichtdicke und bezieht sich auf den Zustand nach Vollendung des Beschichtungsprozesses. Für die Erfüllung von Oberflächenanforderungen und die Herstellung der Bauteilfunktion, wie z. B. Gleit- und Reibeigenschaften werden beschichtete Bauteile nachbearbeitet, wodurch die nutzbare Schichtdicke kleiner als die aufgetragene Schichtdicke ausfällt. Für ein gegebenes Bauteil ist die nutzbare Schichtdicke von der verfahrensbedingt erreichbaren Oberflächenbeschaffenheit der Beschichtung und des Nachbearbeitungsverfahrens (vgl. Tabelle 1) abhängig.

Zusammenfassend können mittels unterschiedlicher Beschichtungsverfahren Beschichtungen mit spezifischen Beschichtungsdicken und Haftungsmechanismen hergestellt werden, um beanspruchte Bauteile vor Schädigungsprozessen in der Randzone zu schützen.

2.2 Extremes Hochgeschwindigkeits-Laserauftragschweißen

Das Auftragschweißen bezeichnet das Beschichten eines Werkstücks mittels Schweißens und kann durch verschiedene Schweißverfahren wie das Lichtbogenhandschweißen, WIG[1]-, MAG[2]-, UP[3]-, PPA[4] und Laserschweißen ausgeführt werden. Mittels Auftragschweißen hergestellte metallische Beschichtungen weisen eine metallische Bindung zwischen der Beschichtung und dem Grundkörper auf, für welche mit jedem Schweißverfahren das Ziel verfolgt wird, den Aufmischungsgrad möglichst gering zu halten. Der Aufmischungsgrad wird durch das Verhältnis der Flächen- oder Massenanteile von aufgeschmolzenem Grundwerkstoff zum Schweißgut angegeben und sollte nicht über 30 % betragen, um die Zieleigenschaften der Beschichtung wie z. B. Härte oder Korrosionsbeständigkeit nicht durch ein zu starkes Auflegieren mit dem Grundwerkstoff zu beeinträchtigen. [26] Beim Aufmischen wird der Grundwerkstoff durch Konvektionsströmungen infolge von Temperaturunterschieden innerhalb des Schmelzbads in das Schweißgut aufgemischt [27].

Mittels Laserauftragschweißen (LA) können Beschichtungen mit sehr geringem Aufmischungsgrad von unter 5 % präzise und mit geringer thermischer Belastung des Bauteils hergestellt werden [27, 28]. Beim Laserauftragschweißen (Abbildung 6, links) wird auf der Oberfläche des Bauteils ein Schmelzbad mittels Laserstrahlung erzeugt, in welches ein pulverförmiger Zusatzwerkstoff gefördert und in diesem aufgeschmolzen wird. Dabei ist die Prozessgeschwindigkeit von der Aufschmelzgeschwindigkeit des Zusatzwerkstoffs im Schmelzbad abhängig und wird durch diese begrenzt. Durch die Relativbewegung der

---

[1] Wolfram-Inertgas-Schweißen
[2] Metallschweißen mit aktiven Gasen
[3] Unterpulverschweißen
[4] Plasmapulverauftragschweißen

Bauteiloberfläche zum Bearbeitungskopf erstarrt die Schweißraupe infolge der Auslenkung aus der Prozesszone primär durch Wärmeleitung ins Bauteilvolumen sowie Konvektion in die Umgebung und ein schmelzmetallurgischer Verbund zwischen Bauteil und Zusatzwerkstoff entsteht.

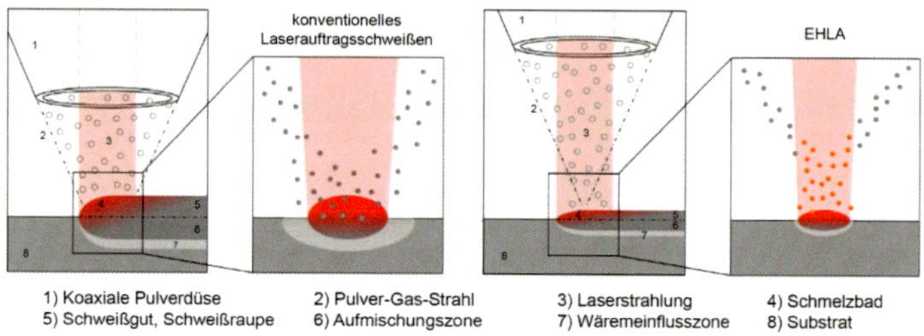

Abbildung 6: Verfahrensprinzip Laserauftragschweißen (links) im Vergleich zum EHLA (rechts) [29]

Das Extreme Hochgeschwindigkeits-Laserauftragschweißen stellt eine Verfahrensvariante des Laserauftragschweißens dar, bei welcher der pulverförmige Zusatzwerkstoff bereits oberhalb der Bauteiloberfläche während der Flugphase im Laserstrahl aufgeschmolzen und schmelzflüssig der aufgeschmolzenen Bauteiloberfläche zugeführt wird [30]. Dadurch entfällt die Dauer für das Aufschmelzen des Zusatzwerkstoffs im Schmelzbad und die Prozessgeschwindigkeit kann von 0,5 bis 2 m/min auf über 150 m/min gesteigert werden [29 bis 31]. Dafür wird das Verhältnis der vom koaxialen Pulvergasstrahl absorbierten und zum Schmelzbad transmittierten Laserleistung so eingestellt, dass sowohl der Zusatzwerkstoff als auch die Bauteiloberfläche aufgeschmolzen werden. Gegenüber dem Laserauftragschweißen wird durch die längere Verweilzeit des Zusatzwerkstoffs im Laserstrahl mehr Strahlenenergie in den Zusatzwerkstoff und weniger in die Bauteiloberfläche eingebracht, wodurch der Wärmeeintrag in das Bauteil und die damit verbundene Wärmeeinflusszone sowie der Aufmischungsgrad weiter reduziert werden können. Mit EHLA werden Beschichtungen mit typischen Dicken von 25 – 250 µm hergestellt und damit die minimale Schichtdicke für das Auftragschweißen reduziert [29, 31].

Entscheidend für die Herstellung von defektfreien Beschichtungen mit schmelzmetallurgischem Verbund ist das vollständige Aufschmelzen des Zusatzwerkstoffs sowie die Erzeugung einer Schmelze an der Bauteiloberfläche im Kontaktzeitpunkt und -bereich des Zusatzwerkstoffs. Nach Schopphoven (2019) nehmen neben den Werkstoffeigenschaften, der Relativposition von Pulvergasstrahl/Laserstrahl/Bauteiloberfläche und der Vorschubgeschwindigkeit ebenfalls die beiden Werkzeuge Laserstrahlung und Pulvergasstrahl Einfluss auf die Partikeltemperatur des pulverförmigen Zusatzwerkstoffs und die Bauteiltemperatur. [29] Während die Auslegung der Anlagen- und Systemtechnik für LA-Prozesse nach funktionalen und zweckerfüllenden Gesichtspunkten erfolgt, die sich vor allem auf das Fördern des Zusatzwerkstoffs, die Relativbewegung des Bauteils zum Bearbeitungskopf und das Aufschmelzen des Zusatzwerkstoffs sowie des Bauteils beziehen, müssen für die Prozessauslegung komplexe Wechselwirkungen der o. g. Einflussgrößen berücksichtigt werden. Diese Wechselwirkungen werden von zahlreichen Parametern beeinflusst, sodass die defektfreie Schichtausbildung nur als systembedingtes Verhalten zu beschreiben ist und gerade wegen der komplexen Wechselwirkungen in vielen Fällen einer ursächlichen Beschreibung nicht zugänglich ist. Die durch Schopphoven als wesentlich ermittelten prozessrelevanten Einflussgrößen sind in Abbildung 7 wiedergegeben, deren Wechselwirkungen für den allgemeinen Fall in [29] beschrieben werden.

Abbildung 7: Prozessrelevante Einflussgrößen nach [29]

Die Oberflächenbeschaffenheit von mittels EHLA erzeugten Beschichtungen wurde bisher lediglich für die Erzeugung von rauen Oberflächen systematisch untersucht, wobei die Untersuchungen eine Korrosionsschutzbeschichtung (Zusatzwerkstoff IN625/2.4856 und 316L/1.4404) zum Ziel hatten, die auch als Haftgrund für eine thermisch gespritzte Verschleißschutzschicht dienen sollte. Die Beschichtungsoberflächen erreichten Rauheiten von Rz = 58,7 µm und Ra = 11,5 µm, wonach der Arbeitsabstand zwischen der Bauteiloberfläche und dem Bearbeitungskopf den größten Einfluss auf die Steigerung der Rauheit hatte [32]. Im ähnlichen Parameterbereich hergestellte Beschichtungen (Zusatzwerkstoff X431, Fe-Basis) weisen eine Rauheit von Ra = 11,3 – 20,5 µm bei Variation der Umfangsgeschwindigkeit von v = 30 – 60 m/min auf [33]. Die hierbei gemessenen Rauheitswerte sinken mit der Erhöhung der Umfangsgeschwindigkeit. Im Vergleich dazu wird beim industriell etablierten Thermischen Spritzen (HVOF) eine kleinere Rauheit von Ra = 3 – 11 µm und beim Hartverchromen Ra = 0,3 – 3 µm an der Beschichtungsoberfläche nach dem Beschichtungsprozess erreicht [34 bis 38].

Ein Stand der Wissenschaft und Technik zum EHLA, der weitergehende Untersuchungen umfasst, die sowohl qualitative als auch quantitative Zusammenhänge zwischen den prozessrelevanten Einflussgrößen auf die Oberflächenbeschaffenheit von Beschichtungen beschreiben, ist nicht bekannt.

2.3 Technische Oberflächen und Kenngrößen

Für die Charakterisierung der Oberflächenbeschaffenheit werden im Folgenden Definitionen, Auswertungsmethoden, Kenngrößen, Anforderungsprofile typischer Anwendungen für Beschichtungen sowie Fertigungsverfahren für die Nachbearbeitung betrachtet.

Eine Oberfläche ist die Begrenzungsfläche eines Körpers, welche ihn zu seinen Umgebungsmedien abgrenzt. Der Oberflächenzustand umfasst die geometrische Beschaffenheit sowie die mechanischen und physikalisch-chemischen Eigenschaften einer Grenzschicht zum benachbarten Medium. Wird der Oberflächenzustand für die Erfüllung eines technischen Zwecks künstlich angepasst, wird die Oberfläche als technische Oberfläche bezeichnet. [39] Dabei wird neben dem allgemeinen Korrosions- und Verschleißverhalten auch das Reibungs-, Gleit- und Dichtungsverhalten sowie das Aussehen von der Gestalt der Oberfläche entscheidend mitbestimmt und kann bei Abweichungen zur Einschränkung der Funktion oder gänzlich zum Funktionsausfall des Bauteils führen.

Für die Charakterisierung der herstellungs- und zufallsbedingen Abweichungen werden Bauteiloberflächen messtechnisch erfasst, wobei die Istoberfläche das messtechnisch erfasste Abbild der wirklichen Oberfläche eines Formelements darstellt, während die geometrische Oberfläche durch die Nennform der technischen Zeichnung oder anderen technischen Unterlagen wiedergegeben wird. Die Gesamtheit aller Abweichungen der Istoberfläche von der geometrischen Oberfläche wird durch die Gestaltabweichungen ausgedrückt. [40] Die auftretenden Gestaltabweichungen werden nach DIN 4760 in einem Ordnungssystem nach sechs Ordnungen (Abbildung 8), entsprechend ihrer Entstehungsursache, unterteilt. Demnach werden Gestaltabweichungen 1. Ordnung bei Betrachtung der gesamten Istoberfläche eines Formelements festgestellt, während Gestaltabweichungen der 2. bis 5. Ordnung an einem Flächenausschnitt eines Formelements feststellbar sind. Gestaltabweichungen der 6. Ordnung, die sich auf den Gitteraufbau des Werkstoffs beziehen, sind mit gebräuchlichen Oberflächenmessverfahren nicht feststellbar. [40] In der Praxis werden den makrogeometrischen Kenngrößen die Maß-, Form- und Lagetoleranzen zugerechnet, während die Oberflächengüte sich auf die Rauheitskenngrößen bezieht. In aller Regel sind auf wirklichen Oberflächen alle Gestaltabweichungen überlagert und können im oder nach dem Messvorgang nur durch Filtertechniken voneinander getrennt werden. [11]

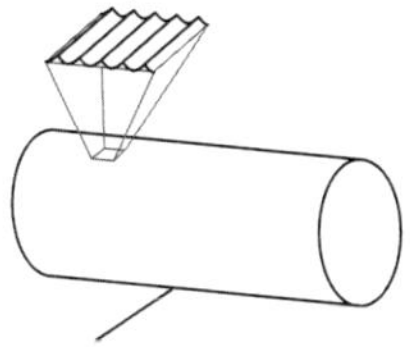

Gestaltabweichung (als Profilschnitt überhöht dargestellt)	Beispiele für die Art der Abweichung	Beispiele für die Entstehungsursache
1. Ordnung: Formabweichung	Geradheits-, Ebenheits-, Rundheits-Abweichung	Fehler in den Führungen der Werkzeugmaschine, Durchbiegung der Maschine oder des Werkstückes, Härteverzug, Verschleiß
2. Ordnung: Welligkeit	Wellen	Außermittige Einspannung, Form- oder Laufabweichungen eines Fräsers, Schwingungen der Werkzeugmaschine oder des Werkzeuges
3. Ordnung: Rauheit	Rillen	Form der Werkzeugschneide, Vorschub oder Zustellung des Werkzeuges
4. Ordnung: Rauheit	Riefen Schuppen Kuppen	Vorgang der Spanbildung, Werkstoffverformung beim Strahlen, Knospenbildung bei galvanischer Behandlung
5. Ordnung: Rauheit Anmerkung: nicht mehr in einfacher Weise bildlich darstellbar	Gefügestruktur	Kristallisationsvorgänge, Veränderung der Oberfläche durch chemische Einwirkung (z.B. Beizen), Korrosionsvorgänge
6. Ordnung: Anmerkung: nicht mehr in einfacher Weise bildlich darstellbar	Gitteraufbau des Werkstoffes	-

Abbildung 8: Ordnungssystem für Gestaltabweichungen nach DIN 4760

Die Oberflächenbeschaffenheit beschreibt nach DIN 4287 die in einem skalenbegrenzten Profil enthaltenen geometrischen Unregelmäßigkeiten auf Basis des Rauheits-, Welligkeits- und Primärprofils [41]. Grundlage dafür bildet das Primärprofil (P-Profil), welches aus den Messwerten der Istoberfläche generiert wird. Durch die Anwendung von Profilfiltern kann das Primärprofil nach dessen Anteilen in Welligkeitsprofil (W-Profil) und Rauheitsprofil (R-Profil) zerlegt und die Oberflächenbeschaffenheit nach der 1 - 4 Ordnung analysiert werden (Abbildung 9) [42].

Hierbei bezeichnet das Profilfilter einen mathematischen Operator zur Zerlegung des Primärprofils in wellenabhängige Anteile mittels gaußförmiger Gewichtsfunktion. Die mathematischen Detailoperationen zur Ermittlung der wellenlängenabhängigen Profile sind oftmals in der zur Messtechnik gehörenden Auswertesoftware implementiert, welche eine breite industrielle Anwendung finden und in [42], [43] sowie [44] nachvollzogen werden können. Entscheidend für die Zerlegung des Primärprofils in seine W- und R-Profile ist die Wahl der Grenzwellenlänge, an welcher die Amplitude zu 50 % gedämpft und das jeweilige Profil abgegrenzt wird [42]. Für die industrielle Praxis wird die Wahl der eingesetzten Filter, Grenzwellenlängen und Messbedingungen nach DIN EN ISO 4288, DIN EN ISO 13565-1 und DIN EN ISO 13565-2 empfohlen [45].

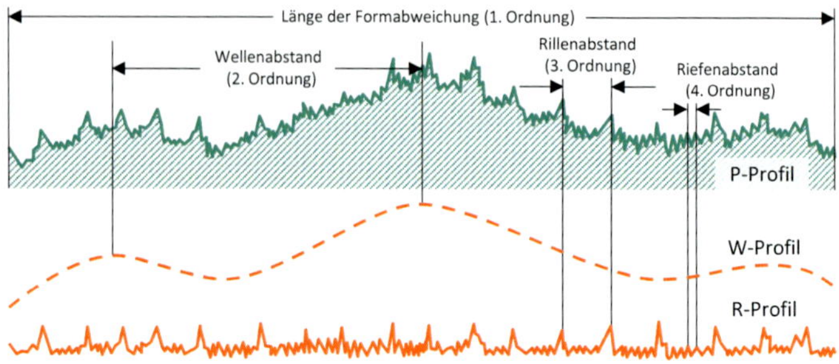

Abbildung 9: Schematische Darstellung der Zerlegung des Primärprofils in Welligkeits- und Rauheitsprofil nach DIN 4287, DIN 4760 und [13, 46]

Eine weitere Auswertemöglichkeit bietet die spektrale Rauheitsanalyse, bei welcher die Rauheit in Abhängigkeit der Wellenlänge dargestellt wird [47]. Hierbei wird das Primärprofil in eine Vielzahl von skalenbegrenzten Profilen zerlegt, welche als Ortswellenlänge bezeichnet werden. Mathematisch kann dies über die Fourier-Transformation erreicht werden, mit der aperiodische Signale in einzelne Spektralkomponenten zerlegt werden. Das Rauheitsspektrum (Abbildung 49) findet starke Anwendung im Bereich des Mikropolierens und bietet den Vorteil, dass die Oberflächenbeschaffenheit nicht durch lediglich eine Kennzahl, sondern durch eine Vielzahl wellenlängenabhängiger Kennzahlen dargestellt und damit eine wellenlängenabhängige Änderung der Oberflächenbeschaffenheit präziser eingeordnet werden kann.

Kenngrößen

Das Ziel der Charakterisierung einer technischen Oberfläche besteht in der vollständigen Erfassung und Beschreibung der dreidimensionalen Geometrie. Um diesen Messaufwand in der Praxis zu begrenzen, werden oftmals nur Kenngrößen auf Basis einer Messstrecke (eindimensional) für die Oberflächen erfasst. [11] Für viele Praxisfälle (z. B. gedrehte Oberflächen) ist diese Vorgehensweise insbesondere hinsichtlich des höheren Messaufwands und der Investitionskosten für die optische Messtechnik gegenüber taktilen Messgeräten ausreichend und akzeptiert. Andere Anwendungsfälle aus der Praxis (z. B. Optikkomponenten) und die wissenschaftliche Untersuchung von Oberflächen erfordern eine weitestgehend vollständige Erfassung der Oberfläche, die durch eine mehrdimensionale Charakterisierung ermöglicht wird.

Neben der industriellen Praxis zur funktionsrelevanten Beschreibung von Oberflächen sind die folgenden geometrischen Definitionen der Kenngrößen nach DIN EN ISO 4287 (eindimensional) und DIN EN ISO 21920-2 (mehrdimensional) aus Primär-, Welligkeits- und Rauheitsprofil abgeleitet [41, 45]:

In den ISO-Normen sind 63 Kenngrößen für die Charakterisierung von Rauheit und Welligkeit enthalten [48], während zu den in der Praxis am häufigsten verwendeten Kenngrößen die gemittelte Rautiefe Rz und der Mittenrauwert Ra (Abbildung 10) gehören.

Abbildung 10: Schematische Darstellung der geometrischen Kenngrößen: Ra, Rz nach: [45, 49, 50]

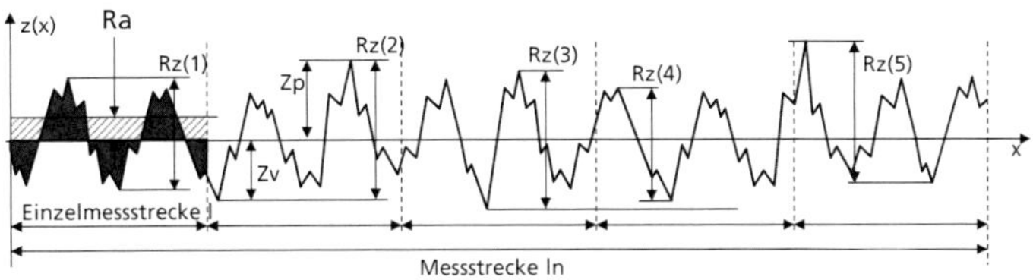

Arithmetischer Mittelwert der Profilordinaten Ra

Der arithmetische Mittelwert der Beiträge der Profilordinaten $z(x)$ einer Einzelmessstrecke l ist nach DIN EN ISO 4287 mit Gleichung (2.6) definiert und gibt die mittlere Abweichung des Profils von der mittleren Linie an [45]. Die in der Praxis als Mittenrauwert bezeichnete Kenngröße Ra ist gegenüber der Kenngröße Rz unempfindlicher gegen Ausreißer.

2.6

$$Ra = \frac{1}{l}\int_{0}^{l} |z(x)|\, dx$$

Mittlere arithmetische Höhe Sa

Der arithmetische Mittelwert der absoluten Ordinatenwerte ist nach DIN EN ISO 25178-2 mit Gleichung (2.7) definiert und gibt die mittlere Abweichung des Profils eines Definitionsbereichs A von der mittleren Ebene an [51].

2.7

$$Sa = \frac{1}{A}\iint_{A} |z(x,y)|\, dx\, dy$$

Unterschiede zwischen Ra und Sa

Neben dem grundliegenden Unterschied der linien- zur flächenhaften Vermessung von Oberflächen kann durch die eindimensionale Auswertung (Ra) von Profilen die Orientierung der Oberfläche berücksichtigt werden, während die flächige Auswertung (Sa) ungerichtet erfolgt. So kann die Orientierung der Oberfläche z. B. für das Gegenlaufverhalten von Gleitoberflächen von Bedeutung sein. Darüber hinaus eignen sich eindimensionale Kennwerte meistens für die Auswertung von periodischen sowie bereits bekannten Strukturen auf Oberflächen wie z. B. einem Drehprofil aus der Drehbearbeitung, bei denen die Quantifizierung der Strukturen im Vordergrund steht. Ist die Oberfläche durch zufällig verteilte und für die Oberflächenfunktion notwendige Strukturen geprägt, kann durch die dreidimensionale Erfassung und funktionale Auswertung von Oberflächen die vollständige geometrische Beschreibung von Oberflächen ermöglicht werden, die im Vergleich zur eindimensionalen Auswertung wesentlich unempfindlicher gegenüber Ausreißern ist. Die vollständige Abbildung und Analyse der Oberflächen lässt damit sowohl Rückschlüsse auf die Entstehungsbedingungen der Oberfläche als auch erweiterte Aussagen zum erwarteten Funktionsverhalten, wie z. B. den Wirkflächen für den tribologischen Kontakt zu.

Größte Höhe des Profils Rz

Die größte Höhe des Profils ist nach DIN EN ISO 4287 definiert als Summe aus der Höhe der größten Profilspitze Z_p und der Tiefe des größten Profiltales Z_v innerhalb einer Einzelmessstrecke l [45]. Nach Gleichung (2.8) wird die Summe dieser fünf Einzelmessstrecken arithmetisch gemittelt. Die in der Praxis als mittlere Rautiefe bezeichnete Kenngröße Rz ist im Verhältnis zum Mittenrauwert Ra empfindlicher gegen Ausreißer.

2.8
$$Rz = \frac{1}{5}\sum_{i=1}^{5} Rz(i)$$

Die typischen Rauheitswerte für Funktionsoberflächen von Bauteilen, welche mittels Beschichtungen geschützt werden, sind in der Abbildung 11 enthalten. Dabei beziehen sich die Rauheitswerte auf die funktionsrelevanten Anforderungen der Oberfläche, die oftmals erst durch eine an den Beschichtungsprozess nachfolgende Nachbearbeitung erreicht werden. Neben der Relevanz für die Verschleiß- und Korrosionseigenschaften ist die Oberflächenbeschaffenheit damit auch für die Funktion von Bauteilen von Bedeutung.

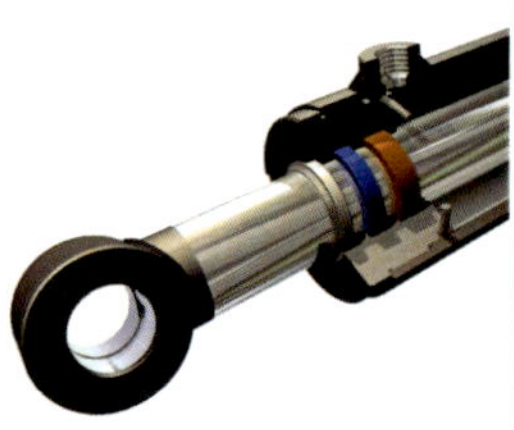

Bauteil	Typische Rauheitswerte der Funktionsfläche	Quelle
Kolbenstange für Hydraulikanwendung	Ra < 0,5 µm	[13]
Papierprägekalander	Ra < 1 µm	EP1208965B1 Voith Patent GmbH
PKW-Bremsscheibe	Rz < 2 µm	DE102011089918A1 Robert Bosch GmbH
Welle für trockenlaufende Gleitlager	Ra < 1 µm	EP2489888A1 Saint Gobain Performance Plastics Pampus GmbH
Zylinderlaufbahn einer Zylinderbohrung für Verbrennungsmotoren	Rz < 2 µm	DE19833646C1 Daimler AG

Abbildung 11: Typische Rauheitswerte der Funktionsflächen von Bauteilen, die mittels Beschichtungen geschützt werden (rechts), Abbildung eines Hydraulikzylinders mit beschichteter und nachbearbeiteter Gleitfläche (links) [Quelle: José-Loyer-72 - stock.adobe.com]

Eine Übersicht der durch verschiedene abtragende Fertigungsverfahren erzielbaren mittleren Rautiefe ist in Tabelle 1 gegeben. Für die Nachbearbeitung der Beschichtungsoberfläche von rotationssymmetrischen Bauteilen werden überwiegend die Fertigungsverfahren Drehen und Schleifen verwendet. Erfordert die Bauteilfunktion eine erhöhte Maß- und Formgenauigkeit oder eine Oberflächenbeschaffenheit zur Steigerung der tribologischen Eigenschaften wie z. B. bei Kolbenlaufflächen von Hydraulikzylindern oder Verbrennungsmotoren, wird die Oberfläche im letzten Bearbeitungsschritt zusätzlich gehont.

Tabelle 1: Übersicht der erzielbaren mittleren Rautiefe Rz verschiedener Fertigungsverfahren nach [11]

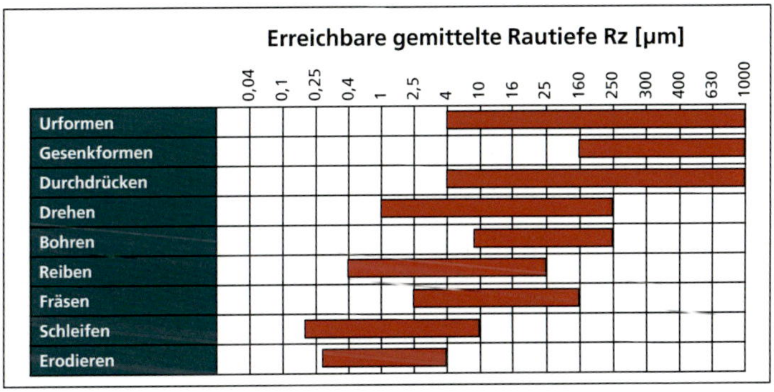

Materialvolumen Vm(p)

Die eindimensional ermittelte Abbott-Firestone-Kurve nach DIN EN ISO 4287 zeigt die graphische Auftragung des Materialanteils p (in DIN $Rmr(c)$) über der Höhe des Profils c (Abbildung 12), welche die in Prozent aufsummierte im Material verlaufende Strecke $Ml(c)$ relativ zur Messstrecke ln angibt [45]. Dem gegenüber ermöglicht die flächenhafte Vermessung von Oberflächen die Auswertung des Materialvolumens über dem Flächenprofil.

Abbildung 12: Materialanteilskurve nach DIN EN ISO 4287 und DIN EN ISO 25178-2

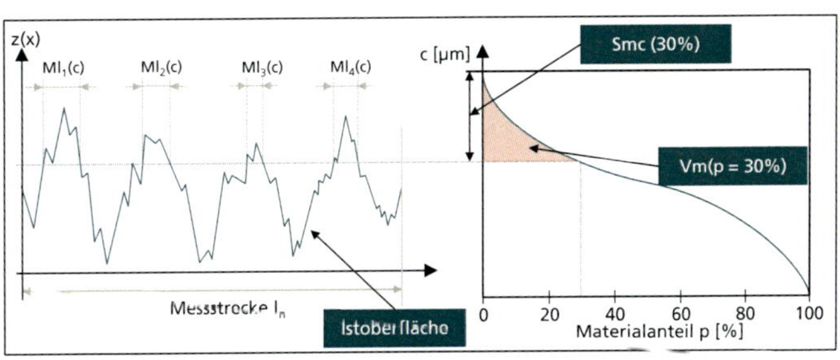

Das flächenbezogene Volumen des Materials $Vm(p)$ bei einem gegebenen Materialanteil p wird nach DIN EN ISO 25178-2 aus der Materialanteilskurve nach Gleichung (2.9) mit K als Konstante zur Umrechnung auf Zentimeter je Quadratzentimeter oder Quadratzentimeter je Kubikzentimeter oder eine gleichwertige Einheit und $Smc(p)$ als inversem flächenhaften Materialanteil in Abhängigkeit seiner Schnitthöhe ausgedrückt, und kann graphisch durch Abbildung 12 (rechts) dargestellt werden.

2.9

$$Vm(p) = \frac{K}{100\%} \int_{0}^{p} [Smc(q) - Smc(p)]\, dq$$

Durch das Integrieren der materialschneidenden Fläche über den Traganteil kann damit das oberhalb einer Schnittebene liegende Materialvolumen ermittelt werden.

2.4 Vermessung von Oberflächen

Bei der Wahl der Messverfahren zur Vermessung von Oberflächen wird zwischen optisch glatten und technischen Oberflächen unterschieden. Eine optisch glatte Oberfläche zeichnet sich durch eine Oberflächenrauheit und -struktur aus, die sich unterhalb der Wellenlängen des sichtbaren Spektralbereichs zwischen 380 – 780 nm befindet. Technische Oberflächen weisen eine Oberflächenrauheit im sichtbaren Spektralbereich oder darüber auf. [52] Im Folgenden werden Messverfahren für technische Oberflächen diskutiert, welche die Bestimmung der Oberflächenbeschaffenheit nach DIN EN ISO 4287 und DIN EN ISO 25178 zum Ziel haben.

Aufgrund des großen Bereiches an Wellenlängen und damit verbundenen Amplituden im Ordnungssystem der Gestaltabweichungen (s. Abbildung 8) werden unterschiedliche Messverfahren für die Charakterisierung der jeweiligen Ordnungen eingesetzt. Grundlegend wird zwischen berührenden (taktilen) und berührungslosen (meistens optischen) Messverfahren unterschieden. Das Ergebnis der taktilen Vermessung einer Oberfläche ist ein zweidimensionales Tastschnittprofil, aus welchem nach DIN EN ISO 4287 eindimensionale Kenngrößen (s. Kap. 2.3) ermittelt werden können [11, 45], während optische Messverfahren die dreidimensionale Erfassung der vollständigen Oberfläche ermöglichen und mehrdimensionale Kenngrößen nach DIN EN ISO 25178 bestimmt werden können [51, 53].

Berührende Messverfahren
Die in Forschung und Industrie überwiegend eingesetzten berührenden Verfahren sind abfühlende Tastschnittverfahren, die mittels einer Diamantnadel die zu vermessende Oberfläche abtasten [11, 54] und die Auslenkungen in ein elektrisches Signal umwandeln. Die Messbedingungen wie die Messrichtung,

Einzelmessstrecke und Art des Filters sowie Tastspitzengeometrie können einen starken Einfluss auf das Messergebnis nehmen, dessen Angabe für die Interpretation von Messwerten von entscheidender Bedeutung sind [54]. Die kommerziell erhältlichen Messsysteme werden zwischen Bezugsflächen- und Kufentastsystemen unterschieden [54]. Beim Bezugsflächensystem liegt der Tastkopf, die Geradführung und der Messständer im Messkreis mit dem Werkstück, welches mittels auskragender Tastnadel (auf einer Bezugsfläche geführt und zum Werkstück ausgerichtet) an der Oberfläche vermessen wird [11, 54]. Daneben wird beim Kufensystem der Tastkopf mit enthaltener Tastnadel auf der zu vermessenden Oberfläche aufgelegt und gleitend geführt. [11] Die Messergebnisse können je nach verwendetem Messsystem deutliche Unterschiede aufweisen. [54] Im Allgemeinen können taktile Messsysteme eine Genauigkeit im Bereich von einigen 0,001 mm erreichen [55]. Hochpräzise Bezugsflächenmessgeräte verfügen über ein Auflösungsvermögen in der Größenordnung von 5 nm in Kombination mit einem Messbereich von 10 mm [54]. Wie unter Kap. 2.3 beschrieben, kann die Profilmesstechnik sich bei bekannten, sich wiederholenden Oberflächenstrukturen mit Vorzugsrichtung als verlässlich erweisen [56]. Aufgrund der eindimensionalen und damit lokal begrenzten Funktionsweise kann mit dieser jedoch oftmals keine Aussage zu stochastisch verteilten Strukturen auf der Oberfläche getroffen werden (Abbildung 13). Für diese Aufgabe sind dreidimensionale Messungen erforderlich, welche auch mittels berührenden Messverfahrens durchgeführt werden können. Durch die Aneinanderreihung von parallelen Tastschnitten im Abstand weniger Mikrometer ist für ein Messfeld von ca. 1 x 1 mm² jedoch eine unverhältnismäßig lange Messzeit von mehreren Stunden erforderlich und das Messverfahren für diese Aufgabe damit in der Praxis nicht relevant. [56, 57]

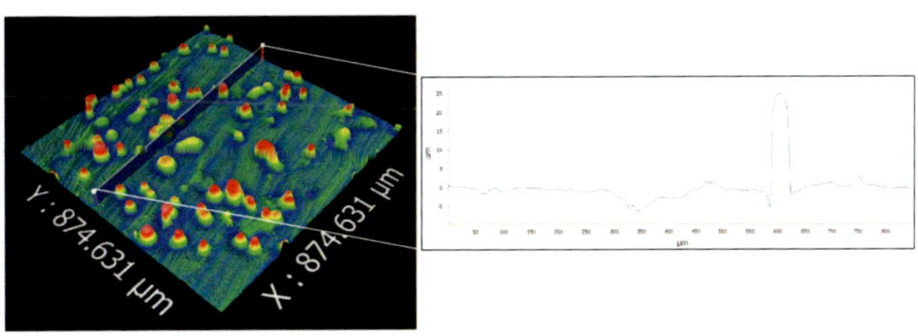

Abbildung 13: Beispielhafte Istoberfläche einer mittels EHLA erzeugten Beschichtung
links: Ganzflächige Erfassung von Oberfläche
rechts: Zweidimensionales Schnittprofil in erfasster Oberfläche

Vorteile bieten hier berührungslose Messverfahren aufgrund einer schnelleren dreidimensionalen Vermessung von Oberflächen, insbesondere mit stochastisch auf der Oberfläche verteilten Strukturen (wie z. B. Partikeln).

Berührungslose Messverfahren

Im Unterschied zur Längenprüftechnik wird bei berührungslosen Messverfahren die Oberfläche bildhaft ganzflächig erfasst, ohne mechanische Kräfte auf die Oberfläche auszuüben. Die Anzahl der Messpunkte der vermessenen Oberfläche und die damit voneinander abgrenzbaren Strukturen werden durch die Anzahl der Sensorpixel sowie das Auflösungsvermögen des eingesetzten Abbildungsobjektivs bestimmt. [11, 54] Das Messprinzip der meisten berührungslosen Messverfahren basiert auf einem Positioniersystem mit z-Achse, welches den xy-Messtisch für das ruhende Werkstück erweitert. Die kommerziell verfügbaren Messsysteme der unterschiedlichen Messverfahren unterscheiden sich in Ihrem zugrundeliegenden Messprinzip, welches Einfluss auf den Messbereich und die damit verbundene Messsicherheit hat (Abbildung 14).

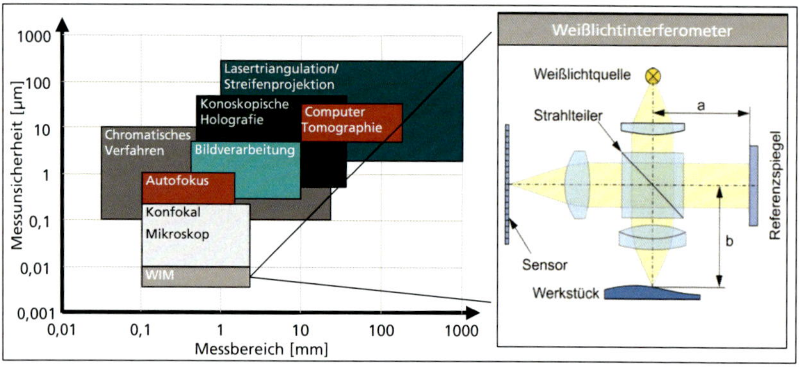

Abbildung 14: Vergleich von optischen Messverfahren hinsichtlich Messunsicherheit und Messbereich, Messprinzip Weißlichtinterferometer (rechts) [54]

Unter den aufgeführten Messverfahren verfügt das Weißlichtinterferometer neben dem Konfokal Mikroskop über die kleinste Messunsicherheit, welches die Interferenz von weißem Licht für die Bestimmung von Tiefeninformationen nutzt. Gegenüber Laserstrahlung hat weißes Licht eine sehr kurze Kohärenzlänge, welche nur im übereinstimmenden Abstand der Werkstückoberfläche zum Referenzstrahl für die hohe Intensität auf dem Sensor (Abbildung 14, rechts) zur Detektion der Tiefeninformation erreicht wird. Durch die Kombination aus dieser Höhen- bzw. Positionsinformation des Werkstücks auf dem Messtisch und der Weißlichtinterferenz kann ein Höhenprofil der vermessenen Oberfläche erzeugt werden.

Die vollständige Erfassung von Oberflächen mittels berührungslosen Messmitteln ermöglicht sowohl Rückschlüsse auf die Entstehungsbedingungen der Oberfläche als auch erweiterte Aussagen zum erwarteten Funktionsverhalten, wie z. B. den Wirkflächen für den tribologischen Kontakt. Aufgrund der wissenschaftlichen Untersuchungen dieser Arbeit werden die vollständige Abbildung und Analyse der Oberflächen angestrebt und damit die Oberflächen flächenhaft vermessen.

Defizit im Stand der Technik und Wissenschaft

Nach dem derzeitigen Stand der Technik und Wissenschaft werden zum Schutz gegen Schädigungsprozesse an der Bauteilrandzone Beschichtungen eingesetzt. Für die Funktion der Bauteile werden Anforderungen an die Oberflächenbeschaffenheit (Ra < 1 µm, Abbildung 11) der Beschichtung gestellt, die jedoch nur durch eine aufwendige Nachbearbeitung (Tabelle 1) erreicht werden. Daher besteht das Interesse, Beschichtungen mit geringer Gestaltabweichung zur geometrischen Oberfläche (Kap. 2.3) im Beschichtungsprozess herzustellen. Die Oberflächenbeschaffenheit industriell etablierter Beschichtungsverfahren, wie dem Thermischen Spritzen (HVOF) mit Ra = 3 – 11 µm und dem Hartverchromen mit Ra = 0,3 – 3 µm [34 bis 38] wird mittels des neuartigen EHLA-Verfahrens mit Ra = 11,3 – 20,5 µm [32, 33] derzeit nicht erreicht. Des Weiteren gehen aus der Literatur keine Informationen zur Vorbearbeitung mit Anforderungen an das mittels EHLA zu beschichtende Bauteil hinsichtlich seiner Oberflächenbeschaffenheit hervor.

Der Stand der Wissenschaft und Technik zum EHLA umfasst keine weitergehenden systematischen Untersuchungen zur Oberflächenbeschaffenheit von Beschichtungen, die sowohl qualitative als auch quantitative Zusammenhänge zwischen den prozessrelevanten Einflussgrößen auf die Oberflächenbeschaffenheit von Beschichtungen beschreiben (Defizit, Abbildung 15).

Abbildung 15: Stand der Technik und Defizit exemplarisch dargestellt an der Rautiefe Rz.

Quellen:
A: Abbildung 11
B: Tabelle 1 (Drehen und Schleifen)
C: [32, 33]

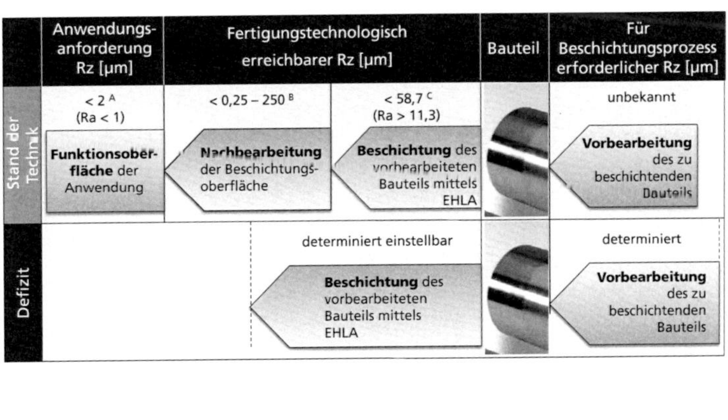

3 Zielsetzung, Forschungsfragen und Vorgehensweise

Zielsetzung und Forschungsfragen

Nach dem derzeitigen Stand der Technik und Wissenschaft ist die Oberflächenbeschaffenheit eines Bauteils für dessen Funktion und Funktionserhaltung von großer Bedeutung. Bislang existieren jedoch für das EHLA-Verfahren keine qualitativen und quantitativen Untersuchungen auf experimenteller Basis, mit denen die Zusammenhänge zwischen den wesentlichen prozessrelevanten Einflussgrößen, wie:

- Pulvermassenstrom
- Fördergasvolumenstrom
- Laserleistung
- Umfangsgeschwindigkeit
- Spurversatz
- Substratoberfläche
- Partikelkorngröße
- Relativposition von Laserstrahl/Pulvergasstrahl/Bauteil

und der Oberflächenbeschaffenheit von Beschichtungen beschrieben werden (Defizit, Abbildung 15).

Um die Oberflächenbeschaffenheit von mittels EHLA erzeugten Beschichtungen gezielt einzustellen, sowie eine Aussage zur Anforderung des zu beschichtenden Bauteils hinsichtlich seiner Oberflächenbeschaffenheit treffen zu können, werden die folgenden Forschungsfragen formuliert:

1. Wie kann die Oberflächenbeschaffenheit von mittels EHLA erzeugten Beschichtungen charakterisiert und für die Herstellung von endkonturnahen Beschichtungen mit glatter Oberfläche beeinflusst werden?

2. Welche skalenbegrenzten Oberflächenstrukturen können in der Beschichtungsoberfläche identifiziert werden?

3. Welches abzutragende Materialvolumen der Beschichtung kann für einen geforderten Materialanteil von 50 % und 80 % ermittelt werden?

Vorgehensweise

Die Untersuchungen zur Beantwortung der Forschungsfragen sind in vier aufeinander aufbauende Arbeitspakete geteilt (Abbildung 16). Zum Beginn der Arbeit werden die anlagen- und systemtechnischen Voraussetzungen für den EHLA-

Prozess charakterisiert, um die reproduzierbare Herstellung von Beschichtungen mit einem definierten Funktionsprofil der Anlagen- und Systemtechnik zu ermöglichen (Kap. 4.1). Hierbei werden insbesondere die beiden Werkzeuge Pulvergasstrahl und Laserstrahl vermessen. Basierend auf den Ergebnissen dieses Arbeitspakets wird eine Referenzbeschichtung mit einer Schichtdicke von 100 µm für Kolbenanwendungen anhand eines Modellwerkstoffs für den Korrosionsschutz entwickelt, welche als Grundlage für die Untersuchung der Einflüsse der Prozessparametervariation dient (Kap. 5.1). Die hergestellten Beschichtungen werden anhand ihrer Schichtdicke und auftretenden Defekten wie Rissen, Poren oder einer fehlerhaften schmelzmetallurgischen Anbindung zum Substrat metallographisch bewertet. Bei Erfüllen der Anforderungen wird diese Beschichtung als Referenzbeschichtung für die weiteren Untersuchungen festgelegt. Hinsichtlich des thematischen Schwerpunkts dieser Arbeit erfolgt bei Variation von Prozessparametern nachfolgender Arbeitspakete die Auswertung der Oberflächenbeschaffenheit ohne weitere metallographische Analysen.

Abbildung 16: Vorgehen zur Untersuchung von prozessrelevanten Einflussgrößen auf die Oberflächenbeschaffenheit von EHLA-Beschichtungen

Die repräsentative Oberfläche der Referenzbeschichtung wird anschließend mittels vier unterschiedlichen Messmitteln vermessen, um ein geeignetes Messmittel für die Bewertung von Oberflächen an mittels EHLA erzeugten Beschichtungen zu ermitteln (Kap. 5.3). Die Beurteilung der Messmittel erfolgt insbesondere anhand der durchschnittlichen quadratischen Steigung des Messprofils Rdq für die zweidimensionale und Sdq (Kap. 5.3) für die dreidimensionale Erfassung der Oberfläche. Der Schwerpunkt dieser Arbeit liegt auf dem letzten Arbeitspaket, in welchem auf Grundlage der Ergebnisse vorangegangener Arbeitspakete die Wirkung der Variation von prozessrelevanten Einflussgrößen anhand der

Referenzbeschichtung in Hinblick auf die Oberflächenbeschaffenheit der Beschichtung untersucht wird (Kap. 6). Die Oberflächen werden mittels einem zuvor qualifizierten Messmittel erfasst und anhand von wellenlängenabhängigen Rauheits- und Flächenkennwerten sowie dem flächenhaften materialanteilabhängigen Materialvolumen bewertet und die relevanten Wirkzusammenhänge abgeleitet.

4 Experimenteller Versuchsaufbau

In diesem Kapitel wird die verwendete Maschinen- und Systemtechnik, der Pulvergasstrahl, Laserstrahl sowie die eingesetzten Substrat- und Pulverwerkstoffe charakterisiert.[5]

4.1 Prozessrelevante Maschinen- und Systemtechnik

Handhabungssystem

Für die Bearbeitung von rotationssymmetrischen Bauteilen wird ein Handhabungssystem des Herstellers Hornet Laser Cladding B. V. mit integrierter CNC-Steuerung der Fa. Fanuc eingesetzt (Abbildung 17). Über dieses kann die für den EHLA-Prozess erforderliche Oberflächengeschwindigkeit von mindestens 20 m/min über eine maximale Spindeldrehzahl von 775 U/min in Abhängigkeit der Bauteilgröße stufenlos eingestellt werden. Die Drehspindel wird mit einem Spannfutter für die Aufnahme von Bauteilen mit einer maximalen Länge von 800 mm, einem maximalen Durchmesser von 300 mm und einem maximal zulässigen Gewicht von 20 kg betrieben. Die im Spannfutter aufgenommenen Bauteile werden mittels einer Messuhr (DIN 878) mit einer Rundlauftoleranz von ca. ± 0,1 mm ausgerichtet.

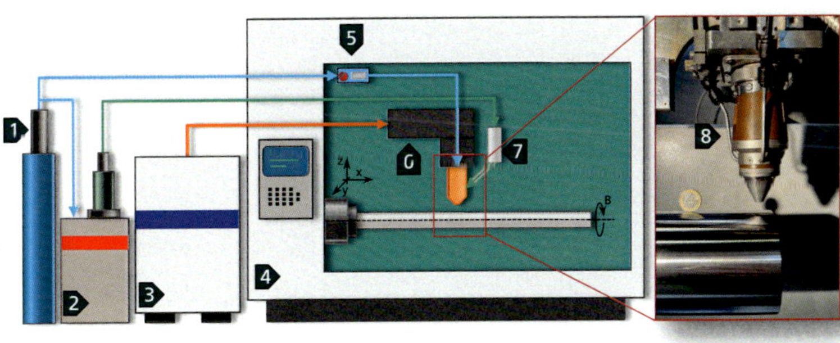

Abbildung 17: Schematische Darstellung des Versuchsaufbaus: 1: Schutz- und Fördergaszufuhr, 2: Pulverförderer, 3: Laserstrahlquelle, 4: EHLA-Handhabungssystem, 5: Massendurchflussmesser, 6: Fokussieroptik, 7: Pulververteiler, 8: Pulverzufuhrdüse (1 €-Münze zum Größenvergleich)

[5] Inhaltliche Teilaspekte dieses Kapitels wurden durch den Verfasser dieser Dissertation bereits vorveröffentlicht [58]

Bearbeitungskopf

Der im Wesentlichen aus der Fokussieroptik und der Pulverzufuhrdüse bestehende Bearbeitungskopf wird über die stufenlos angetriebenen z- und x- Achsen axial sowie radial über dem Bauteil verfahren. Die Fokussieroptik BEO D70 des Herstellers Trumpf GmbH wird mit einer Brennweite der Fokussierlinse von 200 mm und Brennweite der Kollimation von 100 mm in Verbindung mit einer programmierbaren motorischen Fokussiereinheit (PMF) eingesetzt. Die PMF kann über eine motorische Positionierung der Kollimationslinse die Fokuslage entlang der Laserstrahlachse über einen Bereich von -25 mm bis 75 mm gegenüber der Standard-Positionierung (L_Z = 0 mm, Fokuslage auf Bauteiloberfläche) anpassen. Die gekühlte Koaxial-Pulverzufuhrdüse HighNo 4.0 (Abbildung 18) der Fa. HD-Sonderoptiken eignet sich aufgrund ihres fein ausgeprägten Pulverfokus (s. Kap. 4.2) für die Herstellung von dünnen Beschichtungen bei den für EHLA-Prozess erforderlichen Prozessgeschwindigkeiten von > 20m/min und den damit verbundenen Pulvermassenströmen von > 5 g/min. Der Laserstrahl wird im Inneren entlang der z-Achse der koaxialen Pulverzufuhrdüse geführt, welcher beim Austritt an der Düsenspitze von einem koaxialen Pulvergasstrahl umschlossen wird. Der Pulvergasstrahl verfügt dabei vom ringförmigen Austrittsspalt bis zum Fokuspunkt des Pulvergasstrahls über die Form eines Hohlkegels. Um die Prozesszone vor der umgebenden Atmosphäre zu schützen und die Belastung der Düsen- sowie Optikkomponenten durch Prozessstoffe (z. B. reflektierte Partikel) zu minimieren, wird über den Strahlengang bis zur Austrittöffnung des Laserstrahls Argon als Schutzgas geleitet. Der Schutzgasvolumenstrom wird mittels eines digitalen Massendurchflussmessers red-y compact 2 series der Fa. Vögtlin Instruments GmbH eingestellt.

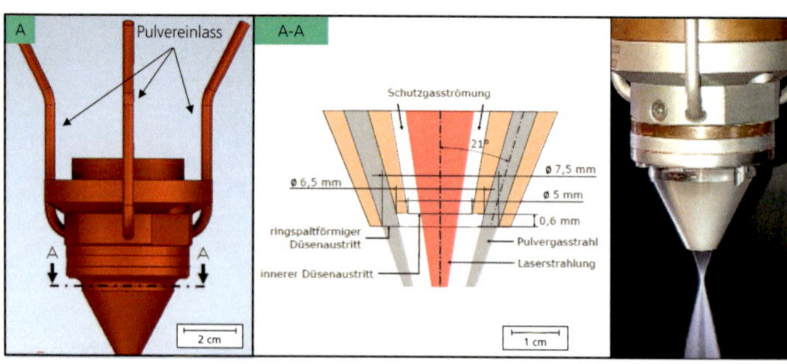

Abbildung 18: Schematischer Aufbau der Pulverzufuhrdüse HighNo 4.0 (links), Schnittmodell der Düsenspitze (Mitte), Realbild mit Pulvergasstrahl (rechts)

Zur Anpassung des Arbeitsabstands zwischen der Bauteiloberfläche und der Düsenspitze wird die Entfernung des Bearbeitungskopfs zum Bauteil variiert, während die Fokuslage des Laserstrahls per motorischer Fokussiereinheit auf der

Bauteiloberfläche gehalten wird. Dadurch kann der Pulvergasstrahl in z-Richtung unabhängig vom Laserstrahl zur Bauteiloberfläche ausgerichtet werden. Die laterale Ausrichtung des Pulvergasstrahls relativ zur Laserstrahlachse (xy-Ebene) erfolgt über eine mechanische Verschiebung der Pulverzufuhrdüse an der Adaption zur Fokussieroptik. Unter Zuhilfenahme einer koaxial zur Pulverzufuhrdüse installierten CCD-Kamera an der Fokussieroptik kann die Ausrichtung vorgenommen und die Prozesszone beobachtet werden.

Laserstrahlquelle

Als Laserstrahlquelle wird der Scheibenlaser TruDisk4002 der Fa. Trumpf GmbH + Co. KG verwendet. Das aktive Medium in Form eines Scheibenkristalls aus Ytterbium-dotiertem Yttrium-Aluminium-Granat (Yb:YAG) emittiert Laserstrahlung mit der Wellenlänge von $\lambda = 1030$ nm. Die maximale Nennleistung von 4000 W kann in einem Bereich von 80 – 4000 W mit einer Konstanz von ± 1 % und aktiver Leistungsregelung durch die Steuerung der Laserstrahlquelle genutzt werden. Der Hersteller gibt ein Strahlparameterprodukt von SPP = 8 mm × mrad für den Rohstrahl aus der Laserstrahlquelle vor der Einkopplung in das Lichtleitkabel und eine Numerische Apertur an der Auskopplung nach dem Lichtleitkabel von NA = 0,1 an [59]. Als Lichtleitkabel zwischen Laserstrahlquelle und Fokussieroptik wird ein LLK-D 06 der Fa. Trumpf GmbH + Co. KG mit einem Kerndurchmesser von $Ø_{LLK} = 600$ µm und einer Numerischen Apertur von NA = 0,125 verwendet.

Pulverförderer

Für die Förderung des Zusatzwerkstoffs wird der volumetrische Pulverförderer METCO TWIN 150 der Fa. Oerlikon METCO AG mit dem Abstreifer und Absauger vom Typ NL 5.0/1.0 verwendet. Mit dem integrierten digitalen Massendurchflussregler kann der Gasvolumenstrom des verwendeten Fördermediums Argon angepasst werden, um den pulverförmigen Zusatzwerkstoff als Pulver-Gas-Gemisch dem Prozess zuzuführen. Für eine homogene Pulververteilung wird das Pulver-Gas-Gemisch über eine Schlauchführung vom Pulverförderer in einen Pulverteiler des Fraunhofer ILT injiziert, der den Strahl des Pulver-Gas-Gemisches in drei Teilstrahlen aufteilt und in die Pulvereinlässe der Pulverzufuhrdüse injiziert.

4.2 Pulvergasstrahl

Ermittlung des Pulvermassenstroms $\dot{m}$

Nachdem das Pulver-Gas-Gemisch in die Pulvereinlässe der Pulverdüse injiziert wird, wird durch den Ringspalt zwischen dem Außen- und Innenkonus der Pulverzufuhrdüse ein hohlkegelförmiger Pulvergasstrahl bis zum Fokuspunkt ausgebildet (Abbildung 18). Dabei kann die geförderte Pulvermasse m je Zeiteinheit t als Pulvermassenstrom $\dot{m}$ ausgedrückt werden, der über die Drehzahl einer Dosierscheibe des Pulverförderers eingestellt wird. Die Drehzahl wird in Prozent [%] anteilig von der maximalen Drehzahl $n_{PF,max} = 100\ \% \triangleq 10$ U/min eingestellt. Um einen Zusammenhang zwischen der Drehzahl und dem Pulvermassenstrom herzustellen, werden Messungen bei unterschiedlichen Drehzahlen und inaktivem Laser durchgeführt. Hierbei wird je eingestellter Drehzahl Pulver für eine Dauer von jeweils 360 s Pulver gefördert, in einem Behältnis aufgefangen und anschließend gewogen. Die Messungen werden bei einem konstanten Fördergasvolumenstrom von V_{FG} = 6 l/min durchgeführt, bei welchem das vollständige Abfördern des Pulvers aus der Nut der Dosierscheibe gewährleistet ist. Die Auftragung des Pulvermassenstroms $\dot{m}$ über der Drehzahl n_{PF} zeigt einen linearen Zusammenhang (Abbildung 19). Durch eine lineare Regression kann der Zusammenhang (**4.1**) ermittelt werden:

4.1
$$\dot{m}(n) = 0{,}68487 \cdot n_{PF} \; \frac{g}{\% \cdot min}$$

Abbildung 19: Pulvermassenstrom $\dot{m}$ in Abhängigkeit der Drehzahl n_{PF} des Pulverförderers

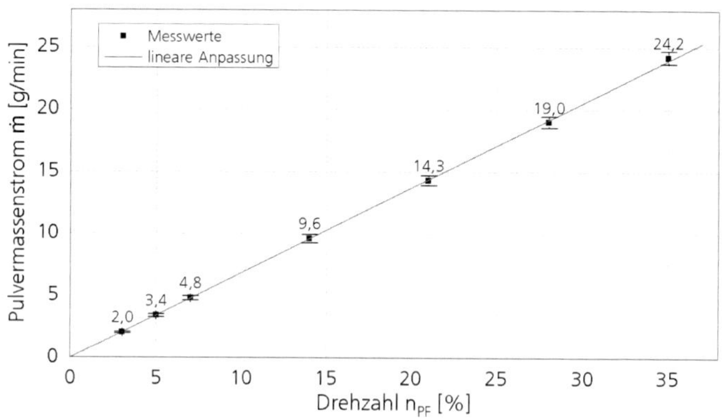

Charakterisierung des Pulvergasstrahls

Die Pulverzufuhrdüse kann sich im Betrieb durch Verschleiß der Pulverkonusse verändern, wodurch Abweichungen in der initialen Ausprägung des Pulvergasstrahls auftreten können. Die Ausprägung des Pulvergasstrahls kann insbesondere hinsichtlich seiner Pulverpartikelverteilung, des Fokusdurchmessers und der Fokusposition relativ zum Düsenaustritt einen wesentlichen Einfluss auf die erzielbaren Beschichtungseigenschaften nehmen. Daher wird der Pulvergasstrahl regelmäßig vor den Experimenten charakterisiert, um eine Reproduzierbarkeit der Beschichtungsergebnisse zu gewährleisten.

Die Charakterisierung des Pulvergasstrahls erfolgt mittels eines am Fraunhofer ILT entwickelten Powder Jet Monitors mit patentiertem Messverfahren (Pat.-Nr.: DE102011009345B3), wie in Abbildung 20 dargestellt. Hierbei wird der

Pulvergasstrahl entlang seiner z-Achse ebenenweise (xy-Ebene) vermessen, indem dieser seitlich mit einem zeilenförmigen Laserstrahl beleuchtet und die reflektierte Strahlung mittels einer koaxial zur Pulverzufuhrdüse angeordneten Hochgeschwindigkeitskamera erfasst wird. Der zeilenförmige Laserstrahl beleuchtet den Pulvergasstrahl je Ebene in der z-Achse mit einer Ausdehnung von ca. 0,3 mm. Durch den Einsatz eines gepulsten Beleuchtungslasers mit einer Pulsdauer von unter 0,02 ms sind Aufnahmen ohne Bewegungsunschärfe der Partikel möglich. Die eingesetzte CMOS-Kamera nimmt die Partikel mit einer Bildfrequenz von 500 Hz und einer durch das optische System beschränkten lateralen Auflösung von 15 µm in der jeweiligen Ebene auf. Eine geräteseitige Bilderkennungssoftware detektiert die Partikel im Einzelbild nach Ihrer Anzahl und Position. Durch eine anschließende Überlagerung von 1000 Einzelaufnahmen wird die Intensität aufsummiert und eine ortsabhängige Intensitätsverteilung der Partikel in Grauwerten von 0 bis 255 in jeder vermessenen Ebene dargestellt.

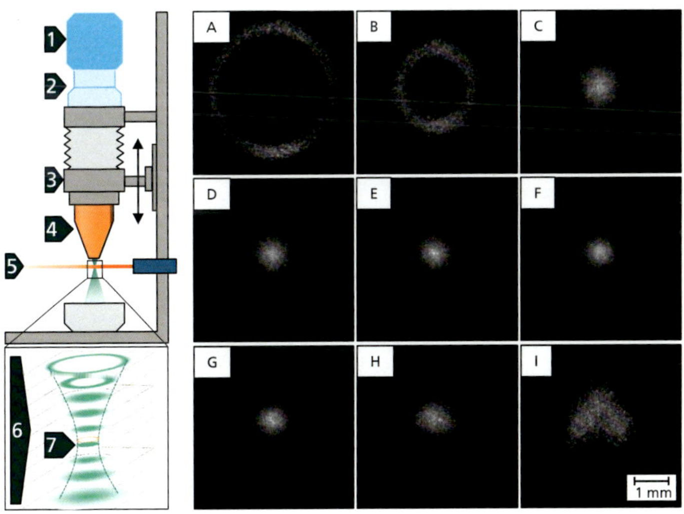

Abbildung 20: Pulvergasstrahl-Analyse (PGSA)

Links: Schematisches Funktionsprinzip des Powder Jet Monitors

1: Kamera
2: Objektiv
3: Linearachse
4: Pulverzufuhrdüse
5: Strahl des Beleuchtungslasers
6: Pulvergasstrahl
7: Fokuslage

A - I: Überlagerung von je 1000 Einzelaufnahmen (Referenzparameter (s. Kap. 5.1)) in den Ebenen 4; 6; 8; 9; 10; 11; 12; 13; 14 mm (von A bis I) unterhalb der Düsenspitze

Für die Charakterisierung des Pulvergasstrahls auf Basis des Referenzparametersatzes (s. Kap. 5.1) mit einem Pulvermassenstrom $\dot{m}$ = 9,6 g/min, Fördergasvolumenstrom V_{FG} = 6 l/min und Schutzgasvolumenstrom V_{SG} = 10 l/min für die Pulverkornfraktion G_S = 20 – 52 µm werden ausgehend von der Düsenspitze im Bereich von 4 bis 15 mm insgesamt 14 Ebenen vermessen (Abbildung 21). Für eine genaue Positionsbestimmung der Pulverfokuslage in der z-Achse wird das Messintervall im Bereich des erwarteten Pulverfokus verkleinert. Die überlagerten

Aufnahmen in Abbildung 20 zeigen eine ringförmige Ausprägung des Pulvergasstrahls von der Düsenspitze (Aufnahme A, Abstand zur Düsenspitze: 4 mm) ausgehend, die bis zum Pulverfokus (Aufnahme D, Abstand zur Düsenspitze: 9 mm) eine kreisförmige Gestalt annimmt. Im Pulverfokus ist die Partikeldichte in der Mitte der Strahlachse am größten und nimmt für die Ebenen unterhalb (Aufnahmen E - I, I Abstand zur Düsenspitze: 14 mm) kontinuierlich ab. Hierbei nimmt die Partikeldichte in der Strahlmitte je niedrigerer Ebene weiter ab.

Da die räumliche Verteilung des Pulvergasstrahls keine scharfen Ränder aufweist, werden Intensitätswerte definiert, auf die die räumlichen Begriffe bezogen werden. Für die Ermittlung des Durchmessers des Pulvergasstrahls in einer Ebene wird ausgehend vom Schwerpunkt der Partikelverteilung ein Messkreis vergrößert, bis dieser 86 % aller Messpunkte der aufsummierten Intensität erfasst. Dieses Vorgehen wird analog zur Ermittlung des Laserstrahldurchmessers nach DIN EN ISO 11145 in dieser Arbeit gewählt, nach welchem der Durchmesser $d_{86,5}$ einer kreisförmigen Öffnung senkrecht zur Strahlachse in einer Ebene 86 % der gesamten Strahlleistung enthält. Bei der Ermittlung des Durchmessers eines rotationssymmetrischen Laserstrahls ist die Wahl einer Grenze üblich, bei welcher die Laserintensität auf $1/e^2$ = 13,5 % abfällt.

Abbildung 21: Durchmesser des Pulvergasstrahls in Abhängigkeit zur Messebene

$\dot{m}$ = 9,6 g/min
V_{FG} = 6 l/min
V_{SG} = 10 l/min
G_S = 20 -53 µm

Vermessung des Pulvergasstrahls

Graphische Darstellung:

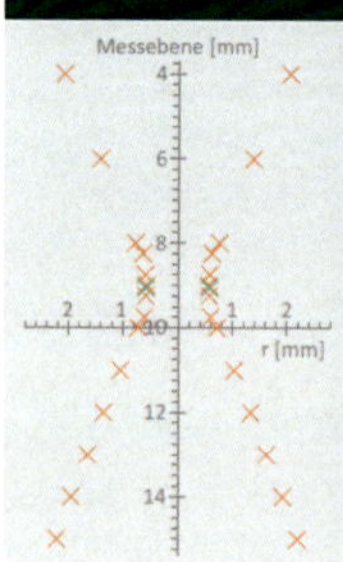

Messebene (relativ zur Düsenspitze) [mm]	Abstand Messebene zur Bauteiloberfläche (Arbeitsabstand 10 mm) [mm]	Durchmesser des Pulvergasstahls in Messebene [mm]
4	-6	4,12
6	-4	2,80
8	-2	1,53
8,25	-1,5	1,26
8,75	-1,25	1,17
9	-1	1,13
9,25	-0,75	1,15
9,75	-0,25	1,20
10	0	1,43
11	1	2,07
12	2	2,68
13	3	3,28
14	4	3,88
15	5	4,41

Die ermittelten Durchmesser je Messebene aus der Vermessung des Pulvergasstrahls können der Abbildung 21 entnommen werden. Demnach wird in der Messebene mit einem Abstand von 9 mm zur Düsenspitze der kleinste Durchmesser von 1,13 mm ermittelt. Diese Messebene dient damit als Orientierung für die Pulverfokuslage in der z-Achse des Pulvergasstrahls. Im EHLA-Prozess werden die Pulverpartikel überwiegend im Laserstrahl in der Flugphase erwärmt und aufgeschmolzen. Um die Erwärmung der Partikel in der Flugphase zu gewährleisten, sollte der Pulverfokus oberhalb der Bauteiloberfläche gehalten werden. Der

Arbeitsabstand von D_B = 10 mm wird als Referenzeinstellung gesetzt, um den durch die Pulverzufuhrdüse konstruktiv vorgegebenen Pulverfokus im Abstand von 9 mm von der Düsenspitze oberhalb der Bauteiloberfläche zu halten.

4.3 Laserstrahl

Ermittlung der Laserleistung P_L

Der Laserstrahl wird ausgehend von der Laserstrahlquelle über ein Lichtleitkabel geführt und in eine Fokussieroptik eingekoppelt. Die Fokussieroptik formt den Laserstrahl über Kollimations- und Fokussierlinsen und erzeugt die für den Prozess erforderliche Laserstrahlkaustik. Dabei können Verluste der Laserleistung auftreten, die zu einer Differenz zwischen der durch die Steuerung der Laserstrahlquelle vorgegebenen Soll-Laserleistung $P_{L,soll}$ und der aus der Fokussieroptik erhaltenen effektiven Laserleistung $P_{L,ist}$ führt. Zudem verfügt die verwendete Laserstrahlquelle TruDisk4002 über eine geräteinterne Leistungsregelung für eine kontinuierliche Laserleistungsabgabe, wodurch zusätzlich Abweichungen in der abgegebenen Laserleistung auftreten können. Daher erfolgt eine initiale Bestimmung der effektiven Laserleistung $P_{L,ist}$. Um einen Zusammenhang zwischen der Soll-Laserleistung $P_{L,soll}$ und der effektiven Laserleistung $P_{L,ist}$ herzustellen, werden Leistungsmessungen mit dem Leistungsmessgerät PocketMonitor PMT 120icu der Fa. Primes bei inaktiver Pulverzufuhr durchgeführt. Jeder Messwert der Laserleistung im Soll-Bereich von 1000 – 2400 Watt wurde arithmetisch aus drei Messdurchgängen bestimmt. Die Messergebnisse (Abbildung 22) zeigen einen linearen Zusammenhang (4.2), wobei die effektive Laserleistung größer als die Soll-Laserleistung ist.

$$P_{L,ist}(P_{L,soll}) = 0{,}9938 \cdot P_{L,soll} + 32{,}309\,W \qquad (4.2)$$

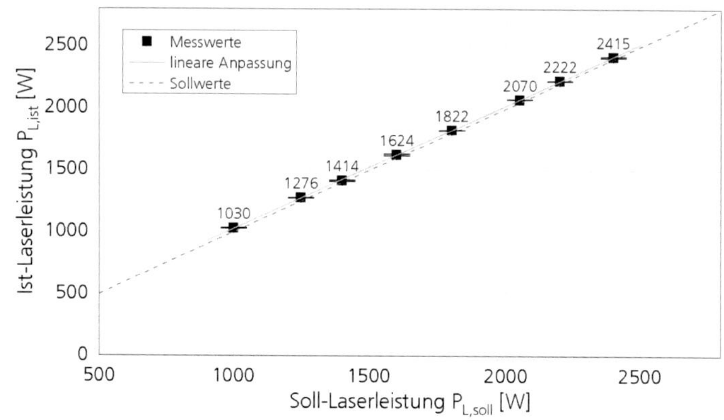

Abbildung 22: Effektive Laserleistung $P_{L,ist}$ in Abhängigkeit der Soll-Laserleistung $P_{L,soll}$

Die in den Untersuchungen dieser Arbeit fortfolgend genannte Laserleistung P_L bezieht sich auf die an der Steuerung der Laserstrahlquelle einstellbare Soll-Laserleistung $P_{L,soll}$.

Charakterisierung des Laserstrahls

Die Kaustik des Laserstrahls und die relative Position zur Pulverzufuhrdüse sowie zum Bauteil sind für die Wechselwirkung mit dem Pulvergasstrahl und der Bauteiloberfläche von wesentlicher Bedeutung. Der Laserstrahl kann insbesondere durch seine räumliche Fokuslage, den Fokusdurchmesser w, den Divergenzwinkel Θ, die Rayleigh-Länge z_R und die Leistungsdichteverteilung I (x, y, z) Einfluss auf die Wechselwirkungszone bestehend aus Pulvergasstrahl und Bauteiloberfläche nehmen. Daher wird der Laserstrahl vor den Experimenten charakterisiert, um eine Ausrichtung des Laserstrahls in der Wechselwirkungszone (Kap.3) zu ermöglichen und eine Reproduzierbarkeit der Beschichtungsergebnisse zu gewährleisten.

Die Charakterisierung des Laserstrahls erfolgt mit dem opto-mechanischen Messsystem FocusMonitor FM+ der Fa. Primes (Abbildung 23). Hierbei wird der Laserstrahl ebenenweise (xy-Ebenen) vermessen, indem eine rotierende Messspitze horizontal in den Laserstrahl geführt wird. Über ein Pinhole in der Messspitze wird ein Teil der Laserstrahlung anhand eines Spiegels auf einen Sensor geleitet und die Laserintensität gemessen. Die Messsignale können über ein horizontales

Verfahren des Messschlittens zu einer Leistungsdichteverteilung in der Ebene zusammengeführt werden, während das vertikale Verfahren (in z-Achse) die Vermessung des Laserstrahls über verschiedene Ebenen ermöglicht. Über die Entfernung der Bezugsebene des Messgeräts zur Bezugsebene der Fokussieroptik wird die z-Position der Laserfokuslage bestimmt. Für die Vermessung wird der Detektor DFY-PS+ und die Messspitze NIR high div mit Pinhole-Durchmesser von 20 µm und Sensitivität von 1560 cts/(MW/cm^2) genutzt.

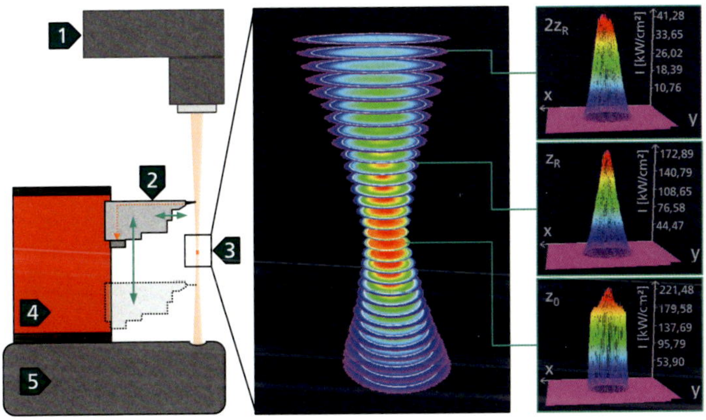

Abbildung 23: Schematische Darstellung der Laserstrahlvermessung (links):

1: Fokussieroptik
2: Detektoreinheit mit Horizontal-/Vertikalschlitten
3: Laserstrahl (Fokusbereich)
4: FocusMonitor FM+
5: Strahlfalle

Ebenenweise Falschfarbendarstellung der Dichteverteilung (rechts) bei $P_L = 1800$ W, $L_z = 0$

Auf diese Weise wird der Laserstrahl für den Referenzparametersatz (s. Kap. 5.1) mit einer Laserleistung $P_L = 1800$ Watt entlang seiner z-Achse auf 31 äquidistanten xy-Ebenen über einen Messbereich von 60 mm vermessen. Die Messdaten werden mit der LaserDiagnosticsSoftware (LDS) Version 1. 3. 1. ausgewertet. Die Ergebnisse der Vermessung zeigen in Abbildung 23 eine unterschiedliche Leistungsdichteverteilung in Abhängigkeit der jeweiligen Messebene. In der Strahltaille bei z = 0 mit einem Radius w = 574 µm weist die Leistungsdichteverteilung bis ca. 175 kW/cm² eine große Flankensteilheit und bis 221,5 kW/cm² ein spitz zulaufendes Profil auf, und weicht damit von einer idealen Top-Hat-Verteilung ab. Mit steigender Entfernung zur Fokuslage entlang der optischen Achse geht die Leistungsdichteverteilung in eine gauß-ähnliche Verteilung über. Bei der Rayleigh-Länge $z = z_R$ liegt eine spitz zulaufende Leistungsdichteverteilung mit einer reduzierten Maximalintensität von 172,9 kW/cm² vor, bei entfernteren Messebenen nimmt diese weiter ab und erreicht bei $z = 2z_R$ eine Maximalintensität von 41,3 kW/cm².

Unter Berücksichtigung des Versuchsraums in Kap. 5.2 für die Untersuchungen in Kap. 6 wird der Laserstrahl mit der Laserleistung $P_L = 1250$ Watt, $P_L = 2200$

Watt sowie einem axialen Versatz von L_Z = - 20 mm, L_Z = 20 mm vermessen. Die Ergebnisse in Tabelle 2 zeigen für die Variation der Laserleistung keine wesentliche Veränderung der Kenngrößen des Laserstrahls. Bei der Variation des axialen Versatzes in der z-Achse des Laserstrahls sind durch die Verschiebung der Kollimationslinse mittels der programmierbaren motorischen Fokussierung (PMF) die Kenngrößen verändert.

Tabelle 2: Ergebnisse der Vermessung des Laserstrahls bei Variation von:

Laserleistung P_L: 1250 – 2200 Watt
Axialer Versatz L_Z: -20 bis 20 mm

Vermessung des Laserstrahls						
Laserleistung P_L [W]	Axialer Versatz P_Z [mm]	Radius Strahltaille w [µm]	Rayleigh-Länge z_R [mm]	Divergenzwinkel Θ [mrad]	SPP [mm*mrad]	Fokuslage realtiv zu Bauteiloberfläche [mm]
Variation P_L						
1250	0	574	12,6	91,2	26,1	0
1800	0	574	12,5	91,5	26,2	0
2200	0	574	12,5	91,8	26,3	0
Variation L_Z						
1800	20	549	11,5	95,6	26,2	20
1800	0	574	12,5	91,5	26,2	0
1800	- 20	596	13,5	88,1	26,2	- 20

Die Fokuslage variiert relativ zur Bauteiloberfläche etwa um den Wert der Anpassung von L_Z = - 20 mm und + 20 mm. Bei einem Versatz von L_Z = 20 mm verkleinert sich der Radius der Strahltaille von 574 µm auf 549 µm, die Rayleigh-Länge von 12,5 auf 11,5 mm und der Divergenzwinkel vergrößert sich von 91,5 auf 95,6 mrad. Durch den Versatz auf L_Z = - 20 mm wird der Radius der Strahltaille auf 596 µm und die Rayleigh-Länge auf 13,5 mm vergrößert, während der Divergenzwinkel auf 88,1 mrad verkleinert wird.

Damit ist mit Änderung der Laserleistung und der unveränderten Laserstrahlkaustik von einer geometrisch unveränderten Wechselwirkungszone mit dem Pulvergasstrahl und der Substratoberfläche auszugehen. Der Einfluss der Änderung der Laserleistung kann *ceteris paribus* der Wirkung zugeordnet werden. Die Änderung der Laserfokuslage bedingt auch die Änderung der Laserstrahlkaustik, wodurch die unmittelbare Zuordnung der Ursache-Wirkung zur Änderung der Laserfokuslage nicht möglich ist, sondern nur in Summe ihrer Änderungen erfolgt.

4.4 Eingesetzte Werkstoffe

Mittels EHLA gefertigte Bauteile aus metallischen Werkstoffen weisen ebenso wie mittels herkömmlicher Fertigungsverfahren (z. B. Gießen, Vergüten, Drehen) hergestellte Bauteile kritische Qualitätseigenschaften auf. Die VDI-Richtlinie 3405 nennt für additiv gefertigte Bauteile insbesondere die Dichte, Festigkeit, Härte, Oberflächengüte, Maßhaltigkeit, Eigenspannungszustand, Rissfreiheit und

Gefügehomogenität. [60] Insbesondere die eingesetzten Werkstoffe nehmen einen wesentlichen Einfluss auf diese Bauteileigenschaften. Für die Qualitätssicherung der eingehenden Rohstoffe und die Reproduzierbarkeit der Untersuchungsergebnisse werden die eingesetzten Pulver- und Substratwerkstoffe im Folgenden vor der Verarbeitung charakterisiert.

Pulverwerkstoff
Als Zusatzwerkstoff wird die Nickelbasis-Superlegierung 2.4856, IN625 (Inconel 625) in Pulverform eingesetzt. Die Legierung weist eine Beständigkeit gegenüber Loch-, Spalt- sowie interkristalliner Korrosion (z. B. für Offshoreanwendungen mit Meerwasserkontakt) und eine hohe Warmfestigkeit für Hochtemperaturanwendungen (z. B. Überhitzerrohre in Kraftwerken, Raffinerien) auf und findet in unterschiedlichen Branchen Anwendung [61, 62]. Die Definition der chemischen Zusammensetzung umfasst einen breiten Bereich und das Erstarrungsintervall liegt zwischen 1290 °C (Solidustemperatur) und 1350 °C (Liquidustemperatur) [62, 63]. Der eingesetzte gasverdüste Pulverwerkstoff wird in einer für den EHLA-Prozess typischen Kornfraktion von 20 – 53 µm [29] vom Hersteller Oerlikon Metco Europe GmbH bezogen und trägt die Handelsbezeichnung MetcoClad 625F.

Mit Einsatz des EHLA-Verfahrens in der Industrie besteht der Bedarf an einheitlichen Kriterien für die Qualitätsprüfung von Pulverwerkstoffen. Daher wird für die Untersuchung des Pulverwerkstoffs die VDI-Richtlinie 3405 für die Bewertung herangezogen. Demnach werden als Qualitätskriterien die chemische Zusammensetzung, Korngrößenverteilung, Partikelform und Fließfähigkeit aufgeführt und folgend für den Pulverwerkstoff charakterisiert [60].

Chemische Zusammensetzung
Die Prüfung der chemischen Zusammensetzung erfolgt mittels energiedispersiver Röntgenspektroskopie (EDX; X Max Detektor (Aluminiumbedampftes Polymerfenster) der Fa. Oxford Instruments). Hierbei ist zu beachten, dass mittels dieser Prüfmethode nur Elemente oberhalb der Ordnungszahl von Bor (5) nachgewiesen werden können und das Messergebnis dadurch nur bedingt zur Bestimmung der Werkstoffzusammensetzung herangezogen werden kann. Nach [60] wird die Prüfmethode jedoch als ausreichend eingeschätzt und in dieser Arbeit lediglich zur Verifizierung des Pulverwerkstoffs mit der Standardspezifikation ASTM B443 (UNS N06625) und des Werkstoffzertifikats (EN 10204 – 3.1) des Lieferanten angewendet. Tabelle 3 zeigt für den eingesetzten Pulverwerkstoff die chemische Zusammensetzung nach ASTM B442, Werkstoffzertifikat und EDX-Messung im Vergleich. Demnach befindet sich die chemische Zusammensetzung der Stichprobe im Definitionsbereich der Ziellegierung, wodurch nach der Verarbeitung die Erreichung der Zieleigenschaften der Legierung erwartet wird.

Tabelle 3: Chemische Zusammensetzung (Gew.-%) des eingesetzten Pulverwerkstoffs 2.4856 (IN625) nach ASTM B443, Werkstoffzertifikat des Lieferanten Oerlikon Metco und EDX-Messung

Chemische Zusammensetzung (Gew.-%) des Pulverwerkstoffs 2.4856 (IN625)						
	Ni	Cr	Mo	Nb	Fe	Rest
ASTM B443 (UNS N06625)	≥ 58,0	20.0 – 23.0	8.0 – 10.0	3,15 – 4,15	≤ 5.0	< 2.0
Werkstoffzertifikat (EN 10204 – 3.1)	64,5	21,6	9,0	3,7	0,4	< 0,9
EDX-Messung	64,6	21,7	9,1	3,5	0,35	1,1

Korngrößenverteilung

Die Bestimmung der Korngrößenverteilung erfolgt mittels Dynamischer Digitaler Bildanalyse (ISO 13322-2) mit einem Camsizer X2 der Fa. Retsch Technology an einer Stichprobe mit ca. 7 Mio. Partikeln. Die gemessenen Partikeldurchmesser werden in Intervalle mit einer Breite von 2 µm geteilt und die erhaltenen Größenklassen nach Volumenanteil (Q_3: kumulierte Häufigkeit; p_3: relative Häufigkeit) ausgewertet. Die Stichprobe wird einer bewegten Pulvermenge aus der Zufuhrleitung des Pulverförderers zur Pulverzufuhrdüse (Förderstrecke) entnommen, um sicherzustellen, dass die Gesamtheit des eingesetzten Pulvers bestmöglich abgebildet wird. Abbildung 24 zeigt die ermittelte Korngrößenverteilung der Stichprobe des eingesetzten Pulvers. Eine zu breite Pulverkornfraktion kann zur Überhitzung und Verdampfung feiner Pulverkörner im Laserstrahl führen, während grobe Pulverkörner durch unzureichende Erwärmung nicht vollständig aufgeschmolzen werden. Zudem kann ein erhöhter Feinanteil zur Einschränkung der für die Förderung notwendigen Fließeigenschaften des Pulvers führen. Ein Volumenanteil von 99,7 % der Partikel weist die vom Hersteller angegebene Kornfraktion 20 – 53 µm (grauer Bereich) auf.

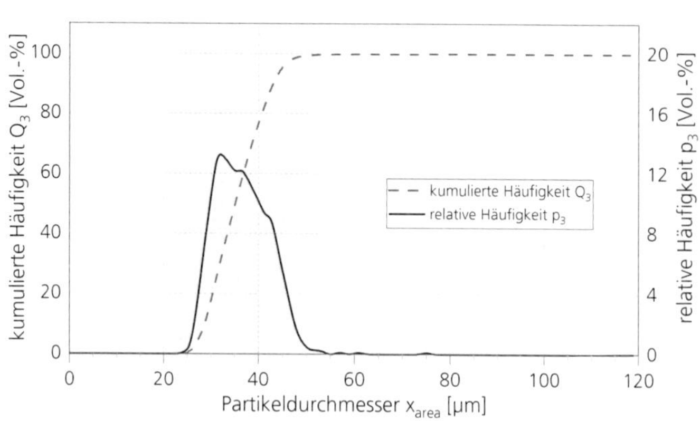

Abbildung 24: Korngrößenverteilung des eingesetzten Pulverwerkstoffs 2.4856 (IN625) nach Volumenanteil (Q_3: kumulierte Häufigkeit; p_3: relative Häufigkeit)

Herstellerangabe: 20 – 53 µm (grauer Bereich)

Der Feinanteil mit Partikeln x_{area} < 20 µm beträgt 0 % und der Grobanteil mit Partikeln x_{area} > 53 µm beträgt 0,3 %. Das Pulver wird aufgrund der großen Übereinstimmung der vorliegenden mit der angeforderten Pulverkornfraktion eingesetzt.

Partikelform
Zur Bestimmung der Pulverform werden Aufnahmen von Pulverkörnern mittels Rasterelektronenmikroskop (REM) Leo 1455 EP der Fa. Carl Zeiss AG erzeugt und die Sphärizität mittels Camsizer X2 bestimmt. Die Sphärizität $SPHT$ ist definiert durch das Verhältnis (4.3) aus der projizierten Fläche des Partikels A_{Part} zu der Fläche eines Kreises, welcher den gleichen Umfang U_{Part} wie die Projektion des Partikels hat. Die Fläche des Kreises ergibt sich aus: $U^2/4\pi$.

4.3
$$SPHT = \frac{4\pi A_{Part}}{{U_{Part}}^2}$$

Die in Abbildung 33 enthaltenen Aufnahmen von Partikelkörnern des eingesetzten Pulverwerkstoffs vermitteln einen visuellen Eindruck der morphologischen Beschaffenheit. So weisen die Pulverkörner eine für gasverdüste Pulver charakteristische sphärische Form auf. Vereinzelt enthalten diese tropfenförmige Materialanhaftungen oder weichen durch eine längliche, ovale äußere Form von der Sphäre ab.

Abbildung 25: REM-Aufnahme des eingesetzten Pulverwerkstoffs 2.4856 (IN625)

Neben der Korngrößenverteilung nimmt auch die Partikelform einen Einfluss auf Fließ- und Fördereigenschaften des Pulvers. Sphärische Pulverkörner (ideale Kugel, $SPHT$ = 1) weisen ein größeres Fließvermögen auf als davon abweichende Pulverkörner. In der Praxis werden Partikel mit einer Sphärizität von $SPHT$ > 0,91 typischerweise als sphärisch bezeichnet [64]. Die mittels Camsizer ermittelte Sphärizität X2 der untersuchten Partikel beträgt für die Stichprobe durchschnittlich $SPHT$ = 0,892 und erreicht den Bereich > 0,91 nicht. Aufgrund der geringen

Abweichung (< 2 %) der Sphärizität wird für das eingesetzte Pulver kein für den Prozess nachteiliges Fließvermögen in den Untersuchungen erwartet.

Fließfähigkeit

Zur Bewertung der Fließfähigkeit wird die Durchflussrate des Pulverwerkstoffs mithilfe eines Trichters (Hall flowmeter) in Anlehnung an DIN EN ISO 4490 gemessen. Hierbei wird die erforderliche Zeit gemessen, in der 50 g des Pulverwerkstoffs durch die Austrittsöffnung eines Trichters fließen. Je kürzer die Durchflusszeit ist, desto größer ist die Fließfähigkeit des Pulvers. Für Fertigungsprozesse mit kontinuierlicher Pulverzufuhr ist eine große Fließfähigkeit des Pulverwerkstoffs für homogene Beschichtungsergebnisse von Bedeutung. Die Zeit für den Durchfluss des Pulvers konnte zu 12,87 s / 50g bestimmt werden. In der Literatur konnten keine Vergleichswerte ermittelt werden, die eine Einordnung des bestimmten Wertes ermöglichen. Erfahrungsgemäß können jedoch Pulverwerkstoffe mit dieser Durchflusszeit homogen gefördert werden und sind für das EHLA-Verfahren mit Einsatz der Koaxial-Pulverzufuhrdüse HighNo 4.0 geeignet.

Pulverpartikeldichte (geschlossene Porosität)

Zur qualitativen Erfassung der Pulverpartikeldichte werden Querschliffe von Pulverpartikeln mittels Auflichtmikroskops aufgenommen (Abbildung 26). Bei der Herstellung von Pulverwerkstoffen können durch die Zerstäubung bedingte Gaseinschlüsse innerhalb der Pulverpartikel vorliegen, wenn sie während des Erstarrungsvorgangs nicht entweichen konnten [64]. Bei Verwendung im Beschichtungsprozess kann die geschlossene Porosität durch ein verändertes Aufschmelzverhalten von Vollpartikeln und Hohlpartikeln zu inhomogenen Beschichtungsergebnissen führen [60], die sich z. B. durch Poreneinschlüsse in der Beschichtung auszeichnen.

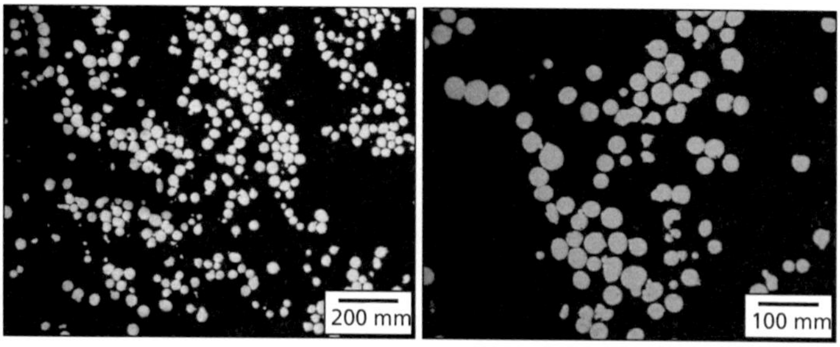

Abbildung 26: Mikroskopaufnahmen eines Querschliffs des eingesetzten Pulverwerkstoffs 2.4856 (IN625)

Die Aufnahmen der angeschliffenen Pulverpartikel zeigen nur vereinzelt Poren. Im Fall des Vorliegens von Poren sind diese wesentlich kleiner als das

Pulverpartikel (Porengröße << Partikelgröße), wodurch nicht von Beeinträchtigungen des EHLA-Prozesses oder Beschichtungsergebnisses ausgegangen wird.

Substratwerkstoff

Als Substratwerkstoff werden nahtlose Präzisionsstahlrohre aus unlegiertem Baustahl E355 (1.0580) eingesetzt. Der Baustahl ist nach EN 10305 für Einsatzzwecke im Maschinenbau geeignet und verfügt über einen Mindestwert der Streckgrenze von 355 MPa bei Raumtemperatur. Insbesondere aufgrund ihrer günstigen Eigenschaften hinsichtlich der plastischen Verformbarkeit, Schweißeignung und Zerspanbarkeit im Verhältnis zum Beschaffungspreis gehören unlegierte Baustähle zu den am meisten eingesetzten Stahlerzeugnissen im Maschinen- und Anlagenbau. Die Rohre haben einen äußeren Durchmesser von 100 mm, eine Wandstärke von 8 mm und werden in 400 mm Längen in das Backenfutter der EHLA-Anlage eingespannt. Die gemäß EN 10305 genormte chemische Zusammensetzung des Substratwerkstoffs kann der Tabelle 4 entnommen werden.

Tabelle 4: Chemische Zusammensetzung (Gew.-%) des eingesetzten Substratwerkstoffs 1.0580 (E355) nach EN 10305

Chemische Zusammensetzung (Gew.-%) des Substratwerkstoffs 1.0580 (E355)						
	Fe	C	Si	Mn	P	S
EN 10305	Bal.	≤ 0.22	≤ 0.55	≤ 1.60	≤ 0.025	≤ 0.025

Oberflächenbeschaffenheit

Zur Untersuchung der Beschaffenheit der äußeren Grenzschicht des Substratwerkstoffs werden Mikroskopaufnahmen im Querschliff des unbearbeiteten Rohres im Lieferzustand angefertigt (Abbildung 27).

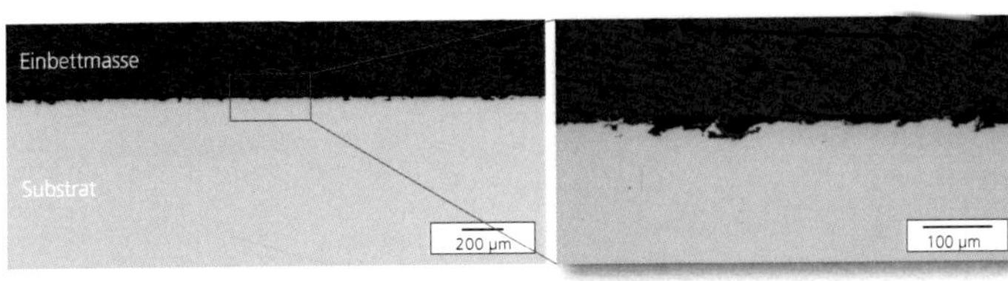

Abbildung 27: Mikroskopische Aufnahme des Querschliffs einer unbeschichteten Probe

Die Liefergüte der Oberfläche weist herstellungsbedingt ein heterogen zerrüttetes Erscheinungsbild mit Hinterschnitten auf, die stellenweise eine Tiefe von über 20 µm erreichen. Um eine gleichbleibende Ausgangsbeschaffenheit der Rohre und reproduzierbare Beschichtungsergebnisse zu erzielen, werden die Rohre vor dem Beschichten feingedreht. Abbildung 28 zeigt WIM-Aufnahmen der feingedrehten Oberfläche des Rohres. Die Oberfläche weist in diesem Zustand vor dem Beschichten eine Mittenrautiefe von Rz = 12,5 µm auf.

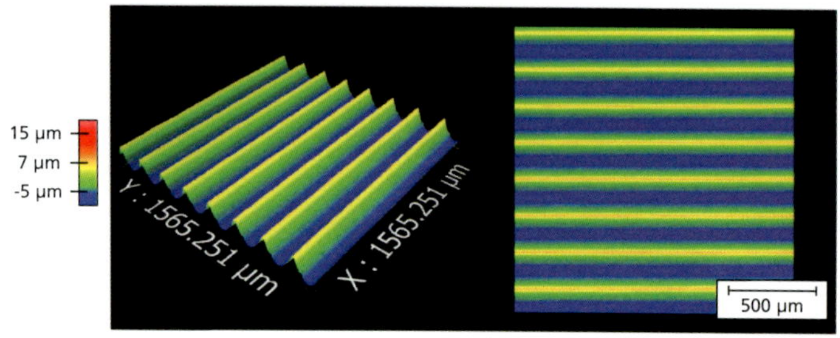

Abbildung 28: WIM-Aufnahme der feingedrehten Substratoberfläche (nach Formabzug) in dreidimensionaler (links) und zweidimensionaler (rechts) Falschfarbendarstellung

5 Prozesstechnischer Versuchsraum und Auswertung

5.1 Referenzparametersatz

Die Referenzbeschichtung soll für den typischen Anwendungsbereich der Kolbenbeschichtung (z. B. für Hydraulikzylinder) des EHLA-Verfahrens entwickelt werden. Die hierbei gewöhnlichen Mindestanforderungen an die Beschichtung aus dem Werkstoff IN625 (Kap. 4.4) beziehen sich auf eine Mindest-Flächenauftragsrate von 100 cm²/min und eine Mindest-Schichtdicke von 100 µm, die über eine schmelzmetallurgische Anbindung zum Substrat und keine Defekte wie Risse oder Poren verfügt (Anforderungen in Abbildung 16).

Für die Entwicklung der Referenzbeschichtung wird im ersten Ansatz auf Literaturwerte zurückgegriffen, um ein Parameterfenster zu ermitteln. Zwar hat Schopphoven [29] eine Beschichtung, die diese Anforderungen erfüllt (Parametersatz mit dazugehörigem metallographischem Querschliff in Abbildung 29, (1)) ermittelt, jedoch wird aufgrund von wesentlichen Unterschieden zu den in dieser Arbeit vorliegenden Versuchsbedingungen nicht von einer Übertragbarkeit der Prozessparameter ausgegangen. Für die Herstellung der Beschichtung wurde ein Laserstrahl mit einem Strahltaillenradius von 100 µm (defokussiert mit Laserstrahldurchmesser von 1,13 mm auf der Bauteiloberfläche) und abweichender Leistungsdichteverteilung (gaußähnlich) sowie als Substratwerkstoff der geschliffene Edelstahl 1.4301 als Vollmaterialwelle eingesetzt.

Für die nachfolgenden Untersuchungen wurden von den deponierten Beschichtungen Querschliffe erzeugt und unter dem Auflichtmikroskop ausgewertet, wovon eine Aufnahme repräsentativ in Abbildung 29 dargestellt ist, um die Erfüllung des Anforderungsprofils an die Referenzbeschichtung zu prüfen.

Bei dem Transfer des Parametersatzes von Schopphoven auf die Versuchsbedingungen dieser Arbeit kann keine Beschichtung erzeugt werden, die die genannten Anforderungen erfüllt. Im metallographischen Querschliff der Beschichtung in Abbildung 29, (2) sind periodische Materialeinbrüche an der Beschichtungsoberfläche erkennbar, die in etwa dem Spurversatz von 0,25 mm/U entsprechen. Zudem liegen Materialfehlstellen in der Anbindungszone zwischen der Beschichtung und dem Substrat vor.

Durch die Verkleinerung des Spurversatzes auf 0,2 mm/U konnten größere Materialfehlstellen und periodische Materialeinbrüche in der Beschichtung beseitigt werden (Abbildung 16, (3)). Mit der Reduzierung des Spurversatzes wird das Ziel verfolgt, das Spurversatzverhältnis (Gleichung 6.1) zu erhöhen und mehr

Material je Flächeneinheit zu deponieren. Ausgehend von einer Spurbreite von ca. 1,2 mm (Laserstrahlbreite auf Bauteil) wurde der Materialauftrag je Flächeneinheit schrittweise um 2 - 10 % erhöht. Hierfür wurden Versuche zur Variation des Spurversatzes von 0,25 - 0,15 mm/U bei sonst konstant gehaltenen Prozessparametern durchgeführt.

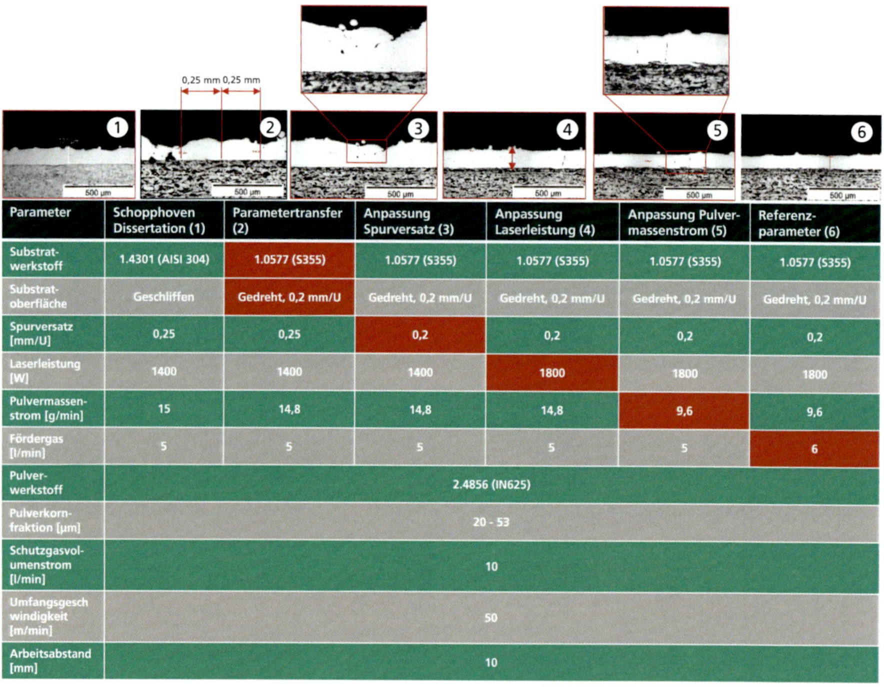

Parameter	Schopphoven Dissertation (1)	Parametertransfer (2)	Anpassung Spurversatz (3)	Anpassung Laserleistung (4)	Anpassung Pulvermassenstrom (5)	Referenzparameter (6)
Substratwerkstoff	1.4301 (AISI 304)	1.0577 (S355)	1.0577 (S355)	1.0577 (S355)	1.0577 (S355)	1.0577 (S355)
Substratoberfläche	Geschliffen	Gedreht, 0,2 mm/U	Gedreht, 0,2 mm/U	Gedreht, 0,2 mm/U	Gedreht, 0,2 mm/U	Gedreht, 0,2 mm/U
Spurversatz [mm/U]	0,25	0,25	0,2	0,2	0,2	0,2
Laserleistung [W]	1400	1400	1400	1800	1800	1800
Pulvermassenstrom [g/min]	15	14,8	14,8	14,8	9,6	9,6
Fördergas [l/min]	5	5	5	5	5	6
Pulverwerkstoff	2.4856 (IN625)					
Pulverkornfraktion [µm]	20 - 53					
Schutzgasvolumenstrom [l/min]	10					
Umfangsgeschwindigkeit [m/min]	50					
Arbeitsabstand [mm]	10					

Abbildung 29: Entwicklung des Referenzparametersatzes anhand von 6 Versuchsreihen auf Basis eines Parametersatzes nach Schopphoven [29]: Auswahl des metallographischen Ergebnisses jeweiliger Versuchsreihe; Änderung von Parametern zur vorhergehenden Versuchsreihe rot hervorgehoben (Versuchsmatrix in Abbildung 90)

Die vereinzelt verbliebenen asphärischen Materialfehlstellen im Beschichtungsvolumen konnten durch die Erhöhung der Laserleistung auf 1800 Watt beseitigt werden (Abbildung 16, (4)). Kleinere, asphärisch ausgeprägte Materialfehlstellen können auf ein zu kleines Schmelzvolumen und eine zu hohe Viskosität der Schmelze mit einem unzureichenden Fließ- und Benetzungsvermögen während der Schichtausbildung zurückzuführen sein. Nach der Arrhenius-Andrade-Beziehung (Gleichung 5.1) ist die Viskosität η eine temperaturabhängige Materialkenngröße, welche von einer Materialkonstante η_0, der Aktivierungsenergie E_A, Molarer Gaskonstante R sowie der Temperatur T abhängt.

5.1
$$\eta = \eta_0 * exp\left(\frac{E_A}{R * T}\right)$$

Die Viskosität des Materials kann demnach durch die Erhöhung der Temperatur verringert werden. Um die Temperatur des Schmelzbades zu erhöhen, wurde die zugeführte Laserleistung im Bereich von 1400 – 2000 Watt variiert. Darüber hinaus wird durch die Erhöhung der Laserleistung bei sonst gleichen Bedingungen neben der Schmelzbadtemperatur auch das Schmelzvolumen vergrößert. In Abbildung 30 ist anhand von Hochgeschwindigkeitsaufnahmen im laufenden EHLA-Prozess das Schmelzbad von Einzelspuren dargestellt.

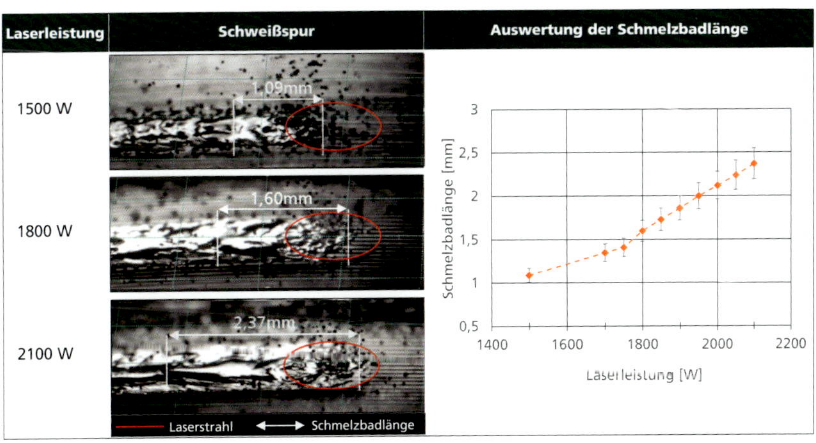

Abbildung 30: Untersuchung der Schmelzbadlänge im laufenden EHLA-Prozess (für Referenzparametersatz) bei Variation der Laserleistung mittels Hochgeschwindigkeitsaufnahmen

Bei Vergrößerung der Laserleistung von 1500 auf 2100 Watt nimmt die Schmelzbadlänge von 1,09 auf 2,37 mm zu.

Die durchschnittliche Mindestschichtdicke von 155 µm konnte durch die Anpassung des Pulvermassenstroms auf 9,6 g/min auf eine Mindestschichtdicke von 112 µm reduziert werden, die keinen wesentlichen Schwankungen unterliegt (Abbildung 16, (5)). Mit Variation der zugeführten Materialmenge in die Prozesszone wurde die Anpassung der Beschichtungsdicke untersucht. Unter der

Annahme eines näherungsweise konstanten Pulverwirkungsgrades (lineares Verhältnis aus Gewichtszunahme des Bauteils zu Pulverfördermenge im Prozess) bei Variation des Pulvermassenstroms, wurde die zugeführte Materialmenge um ca. 25 – 45 % schrittweise reduziert. Hierfür werden zur Herstellung einer Beschichtung mit der Mindestschichtdicke von 100 µm daher Untersuchungen mit einem Pulvermassenstrom zwischen 14,8 - 8,7 g/min durchgeführt. Der in Abbildung 16, (5) dargestellte Querschliff zeigt eine Beschichtung hergestellt mit einem Pulvermassenstrom von 9,6 g/min mit einer Mindestschichtdicke von 112 µm, welche jedoch orthogonal zur Substratoberfläche verlaufende Risse aufweist.

Die Risse in der Beschichtung konnten durch die Vergrößerung des Fördergasvolumenstroms von 5 auf 6 l/min beseitigt werden (Abbildung 16, (6)). Beim EHLA-Prozess führt die inhomogene und steil abfallende Temperaturverteilung an der Prozessgrenze in der Schicht und dem Substrat zu einer limitierten thermischen Expansion. Die thermische Expansion induziert Spannungen, die bis an die Fließgrenze heranreichen und ein plastisches Fließen initiieren. Dabei wird der Bereich höherer Temperatur plastisch gestaucht und der darunter liegende Bereich plastisch gedehnt. Die Thermomechanik des Werkstoffs im Beschichtungsprozess wird bei den auftretenden Temperaturzyklen über die mechanischen temperaturabhängigen Kennzahlen wie den E-Modul, die Poisson Zahl, den thermischen Ausdehnungskoeffizienten und die Fließgrenze geprägt [65]. Durch die geringe Aufmischung beim EHLA-Prozess wechseln die Kennzahlen abrupt an der Fügezone. Bei signifikant unterschiedlichen thermischen Ausdehnungskoeffizienten empfiehlt sich die Verwendung einer Pufferschicht zwischen Substrat und Schicht, um Risse zu vermeiden. Die im Werkstoff verbleibenden Eigenspannungen reichen in der Regel an die Fließspannung heran und sind eine Folge der im Werkstoff verbleibenden plastischen Verformungen. Prozesstechnisch können jedoch die lokalen Abkühlbedingungen angepasst werden, um die Abkühlphase hinauszuzögern. Das bedeutet im Hinblick auf die Spannungen, dass dem Werkstoff durch die verzögerte Abkühlphase ein erweitertes Zeitfenster gegeben wird, um bei hohen Temperaturen über Kriechprozesse Spannungen abzubauen und Dehnraten in der Abkühlphase zu reduzieren. Das sind beides Maßnahmen, die zu einer Rissreduzierung führen können. Die verzögerte Abkühlung lässt sich im Prozess durch eine höhere Erwärmung des Substrates mittels eines höheren Transmissionsgrades des Pulvergasstrahls erreichen.

Zur Vermeidung von Rissen wurde aufgrund vergleichbarer thermischer Ausdehnungskoeffizienten der Werkstoffpaarung IN625 mit E355 über die Anpassung der Temperaturdifferenz von Substratoberfläche und Pulverwerkstoff Einfluss auf den Eigenspannungszustand der Beschichtung genommen. Durch die Vergrößerung des Fördergasvolumenstroms werden die Pulverpartikel beschleunigt und ihre Verweilzeit im Laserstrahl verkürzt, wodurch sie weniger Energie aufnehmen. Schaible [66] zeigt, dass bei einem Pulvermassenstrom von 15 g/min, einem Schutzgasvolumenstrom von 10 l/min und Fördergasvolumenstrom von 5 l/min die durchschnittliche Partikelgeschwindigkeit 6,2 m/min beträgt. Bei einer

Vergrößerung des Fördergasvolumenstroms auf 7 l/min wird die durchschnittliche Partikelgeschwindigkeit auf 8,1 m/min gesteigert, wodurch die Verweildauer der Partikel im Laserstrahl um ca. 24 % und deren Temperatur reduziert wird. Zudem nimmt durch das zusätzliche Fördergasvolumen die Dichte des Pulvergasstrahls ab, wodurch die Transmission der Laserstrahlung zur Substratoberfläche und deren Temperatur erhöht wird. Vor diesem Hintergrund wurde der Fördergasvolumenstrom von 5 – 7 l/min schrittweise variiert. Der in Abbildung 16, (6) dargestellte Querschliff einer Beschichtung hergestellt mit einem Fördergasvolumenstrom von 6 l/min erfüllt alle an die Referenzbeschichtung gestellten Anforderungen und wird damit als Referenzbeschichtung in dieser Arbeit zu Grunde gelegt.

Die Abbildung 31 zeigt die Referenzbeschichtung mit einer Länge von 350 mm auf einem Präzisionsstahlrohr (Kap. 4.4) mit dem Außendurchmesser von 100 mm nach dem Beschichtungsprozess (rechts) und zum Vergleich nach dem Schleifprozess (links).

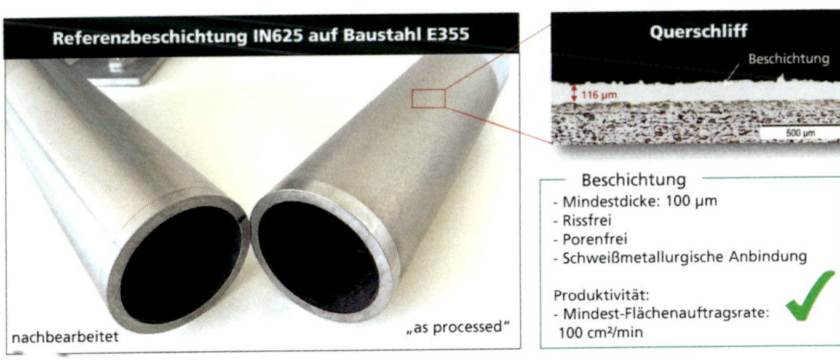

Abbildung 31: Referenzbeschichtung auf Präzisionsstahlrohr mit Außendurchmesser von 100 mm

Beschichtungsoberfläche nach Beschichtungsprozess (rechts), geschliffene Beschichtungsoberfläche (links)

5.2 Versuchsraum

Auf Grundlage des Referenzparametersatzes aus Kap. 5.1 wird die Wirkung der Variation von prozessrelevanten Einflussgrößen auf die Oberflächenbeschaffenheit von Beschichtungen in dieser Arbeit untersucht (vgl. Abbildung 16). Für die prozessrelevanten Einflussgrößen (nachfolgend Prozessparameter genannt) wird ein einfaktorieller Versuchsplan (Abbildung 32) erstellt, durch welchen die Wirkung des zeilenweisen variierten Faktors eindeutig zuordenbar ist. Die Prozessparameter werden stufenweise innerhalb von Prozessgrenzen variiert, die im Folgenden diskutiert werden.

Die Laserleistung von P_L = 1800 W wird als Referenz für die Ermittlung der Prozessgrenzen verwendet. Bei einer Reduzierung der Laserleistung auf P_L = 1300 W wird keine geschlossene Oberfläche in der Schweißspur mehr ausgebildet (siehe

WIM-Aufnahme, Abbildung 43), wodurch keine defektfreie Beschichtung mit schmelzmetallurgischer Anbindung (vgl. Anforderungen, Abbildung 16) hergestellt werden kann. Bei Erhöhung der Laserleistung auf P_L = 2300 W tritt ein helles Prozessleuchten in der Wechselwirkungszone begleitet von Rauchentwicklung auf, was auf Oxidations- und Verdampfungsprozesse hinweist. Diese stellen bei längerer Prozessdauer eine Gefährdung für die Pulverzufuhrdüse sowie die Optikkomponenten dar. Um diese Gefahr zu reduzieren, wird die obere Prozessgrenze auf P_L = 2100 W festgelegt. Für die Laserleistung werden damit die Parameterstufen 1300, 1400, 1500, 1600, 1700, 1800 und 2100 Watt untersucht.

Abbildung 32: Versuchsraum basierend auf dem Referenzparametersatz mit unteren (-) und oberen (+) Grenzen der Variation von Prozessparametern

Versuchsraum			
Parameter	**-**	**Referenz**	**+**
Laserleistung P_L [W]	1300	1800	2100
Arbeitsabstand D_B [mm]	9	10	14
Partikelkornfraktion G_S [µm]	20 – 31	20 - 53	41 - 53
Umfangsgeschwindigkeit v [m/min]	25	50	100
Spurversatz f_E [mm/U]	0,1	0,2	0,6
Fördergasvolumenstrom V_{FG} [l/min]	3	6	12
Pulvermassenstrom $\dot{m}$ [g/min]	4,8	9,6	19,2
Drehvorschub f_D[mm/U]	0,1	0,2	0,6
Axiale Relativposition L_Z [mm]	- 17,5	0	15
Laterale Relativposition φ [°]	0	zentrisch	315

Der Arbeitsabstand von D_B = 10 mm dient als Referenz für die Ermittlung der Prozessgrenzen. Im EHLA-Prozess werden die Pulverpartikel überwiegend im Laserstrahl in der Flugphase erwärmt und aufgeschmolzen. Um die Erwärmung der Partikel in der Flugphase zu gewährleisten, sollte der Pulverfokus oberhalb der Bauteiloberfläche gehalten werden. Der durch die Pulverzufuhrdüse konstruktiv vorgegebene Pulverfokus befindet sich ca. 9 mm unterhalb der Düsenspitze (Kap. 4.2, Abbildung 21), wodurch die untere Grenze des Arbeitsabstandes auf D_B = 9 mm festgelegt wird. Bei Vergrößerung des Arbeitsabstands auf D_B = 15 mm wird keine durchgängige Beschichtung an der Oberfläche erzeugt und agglomerierte Beschichtungsteile lösen sich ab (Abbildung 33), wodurch keine defektfreie Beschichtung hergestellt werden kann. Daher wird die obere Grenze des Arbeitsabstands auf D_B = 14 mm festgelegt. Der Arbeitsabstand wird zwischen 9 – 14 mm in 1 mm Stufen untersucht.

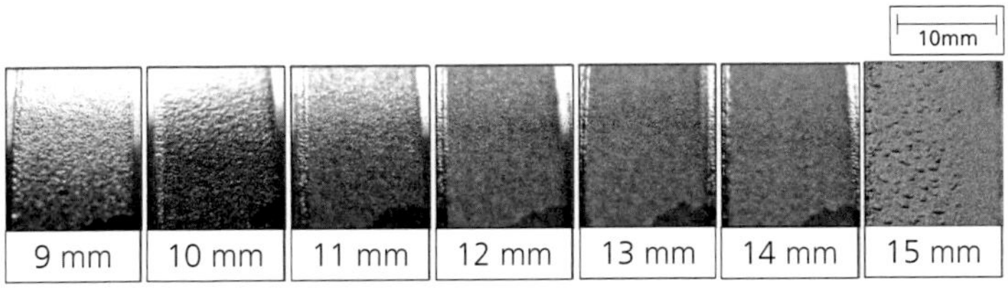

Abbildung 33: Oberflächenaufnahmen von Beschichtungen hergestellt mit Variation des Arbeitsabstands DB von 9 mm bis 15 mm basierend auf dem Referenzparametersatz

Das Pulver mit der Pulverkornfraktion von G_S = 20 – 53 µm (Kap. 4.4) dient als Referenz für die Ermittlung der Prozessgrenzen. Um die Pulvereigenschaften hinsichtlich der chemischen Zusammensetzung und Morphologie konstant und vergleichbar zu halten, wird das Pulver einer Charge in unterschiedliche Kornfraktionen durch Sieben fraktioniert. Das Pulver mit der Kornfraktion G_S = 20 – 53 µm weist eine maximale Größendifferenz der Körner von 33 µm auf. Für die Fraktionierung des kleinsten und größten Drittels des Pulvers innerhalb der Kornfraktion werden die Analysesiebe mit Maschenweite 32 und 40 µm verwendet. Hiermit werden die Pulverkornfraktionen G_{SF} = 20 – 31 µm (frein) und G_{SG} = 41 – 53 µm (grob) erhalten und neben G_S = 20 – 53 µm im Prozess untersucht.

Die Umfangsgeschwindigkeit von v = 50 m/min dient als Referenz für die Ermittlung der Prozessgrenzen. Bei einer Umfangsgeschwindigkeit von v = 25 m/min weist die Schweißspur deutliche Einbrände im Randbereich auf, die unterhalb des Höhenniveaus der Substratoberfläche liegen (WIM-Aufnahme, Abbildung 44). Einbrände deuten auf einen gesteigerten Aufmischungsgrad hin und können sich nachteilig auf die Bauteil- und Schichteigenschaften auswirken. Daher wird die Umfangsgeschwindigkeit nicht weiter reduziert und die untere Grenze auf v = 25 m/min festgelegt. Bei einer Umfangsgeschwindigkeit von v = 100 m/min wird keine geschlossene Schicht in der Schweißspur mehr ausgebildet (WIM-Aufnahme, Abbildung 44), wodurch keine defektfreie Beschichtung (vgl. Anforderungen, Abbildung 16) hergestellt werden kann. Die Umfangsgeschwindigkeit wird in den Parameterstufen 25, 30, 40, 50, 60, 70, 75 und 100 m/min untersucht.

Der Spurversatz von f_E = 0,2 mm/U dient als Referenz für die Ermittlung der Prozessgrenzen. In Kombination mit der Umfangsgeschwindigkeit von v = 50 m/min (Referenz) wird eine Flächenauftragsrate von 100 cm²/min erreicht (vgl. Anforderungen, Abbildung 16). Die Reduzierung des Spurversatzes führt zu einem größeren Spurversatzverhältnis (Kap. 6.1, Gleichung 6.1), zur Reduzierung der Flächenauftragsrate und zur Vergrößerung der Schichtdicke. Die untere Grenze des Spurversatzes wird in dieser Arbeit auf f_E = 0,1 mm/U gesetzt, mit welchem die Flächenauftragsrate um 50 % auf 50 cm²/min und die Vergrößerung der Schichtdicke auf 200 µm erreicht wird. Bei der Vergrößerung des Spurversatzes nimmt die Schichtdicke ab und die Beschichtung weist bei einem Spurversatz von

f_E = 0,6 mm/U stellenweise Materialfehlstellen mit Einbränden auf, die unterhalb des Höhenniveaus der Substratoberfläche vorliegen (Abbildung 51). Bei weiterer Steigerung des Spurversatzes wird keine geschlossene Beschichtung erzeugt, sodass ein Spurversatz von f_E = 0,6 mm/U als obere Grenze festgelegt wird. Damit wird der Spurversatz mit den Parameterstufen 0,1, 0,2, 0,4 und 0,6 mm/U variiert.

Der Fördergasvolumenstrom mit V_{FG} = 6 l/min dient als Basis für die Ermittlung der Prozessgrenzen. Bei Reduzierung des Fördergasvolumenstroms auf V_{FG} = 3 l/min weist die Schweißspur vermehrt Einbrände im Randbereich auf, die unterhalb des Höhenniveaus der Substratoberfläche liegen (WIM-Aufnahme, Abbildung 42). Analog zum oben beschriebenen Fall wird daher der Fördergasvolumenstrom nicht weiter reduziert und auf 3 l/min festgelegt. Mit Vergrößerung des Fördergasvolumenstroms nimmt die durchschnittliche Partikelgeschwindigkeit zu und die Verweilzeit der Partikel im Laserstrahl und ihre Temperatur ab. [66] Durch das zusätzliche Fördergasvolumen nimmt die Dichte des Pulvergasstrahls ab, wodurch die Transmission der Laserstrahlung zur Substratoberfläche und ihre Temperatur zunimmt. Um den Einfluss der Steigerung des Fördergasvolumenstroms in dieser Arbeit zu untersuchen, wird die obere Grenze auf den doppelten Fördergasvolumenstrom von 12 l/min gesetzt. Die Untersuchung des Fördergasvolumenstroms erfolgt in den Stufen 3, 6 und 12 l/min.

Der Pulvermassenstrom von $\dot{m}$ = 9,6 g/min dient als Basis für die Ermittlung der Prozessgrenzen und führt bei einer Umfangsgeschwindigkeit von v = 50 m/min (Referenz) und einem Spurversatz von f_E = 0,2 mm/U (Referenz) zu einer Beschichtungsdicke von ca. 100 µm. Die Beschichtungsdicke hängt näherungsweise linear vom Pulvermassenstrom ab. Daher wird für eine angestrebte Beschichtungsdicke von 50 bis 200 µm der Pulvermassenstrom in den Grenzen von $\dot{m}$ = 4,8 bis 19,2 g/min in insgesamt 6 Stufen variiert.

Mit dem Drehvorschub von f_D = 0,2 mm/U für die Dreh-Bearbeitung der Substratoberfläche vor dem Beschichtungsprozess wird bei einer Umfangsgeschwindigkeit von 300 m/min ein Zeitspanvolumen von 15 cm³/min erreicht. Um den Einfluss der Drehoberfläche vor dem Beschichten zu untersuchen, wird ein Drehvorschub von f_D = 0,1 mm/U mit einer Rauheit von Rz = 3,1 µm (s. Kap. 6.2) als untere Grenze gesetzt. Mit einem Drehvorschub von 0,6 mm/U wird an der Substratoberfläche eine mittlere Rautiefe Rz von 128,2 µm (Abbildung 53) erreicht und überschreitet damit die angestrebte Mindestschichtdicke von 100 µm. Damit wird diese als obere Grenze festgelegt. Der Drehvorschub wird in 4 Stufen mit 0,1, 0,2, 0,4 und 0,6 mm/U untersucht.

Die axiale Relativposition des Laserstrahls zum Pulvergasstrahl (Abbildung 71) stellt mit der Laserfokuslage von L_Z = 0 mm auf der Bauteiloberfläche die Referenzeinstellung dar. Bei einer Verschiebung der Laserfokuslage entlang der z-Achse auf L_Z = - 17,5 mm bildet die Schweißspur kein geschlossenes Schmelzbad mehr aus (Abbildung 75). Für L_Z = 15 mm wird ebenfalls keine geschlossene Schweißspur mehr ausgebildet, damit werden diese Werte als Grenzen für L_Z festgelegt. L_Z wird in 8 Parameterstufen von -17 bis 15 mm untersucht.

Die laterale Relativposition φ der z-Achse des Pulvergasstrahls zum Laserstrahl stellt mit der zentrischen Position beider Achsen die Basis für den Prozessraum dar (Abbildung 81). Für die Variation von φ wird die Achse des Pulvergasstrahls aus der Achse des Laserstrahls mittels Verschiebung der Pulverzufuhrdüse in xy-Richtung achsparallel ausgelenkt. Als Bezugssystem dient die Achse des Laserstrahls und der Laserfokusdurchmesser von ca. 1,2 mm (Tabelle 2) auf der Bauteiloberfläche. Um eine Erwärmung der Pulverpartikel im Pulverfokus mit einem Durchmesser von ca. 1,13 mm (Abbildung 21) zu gewährleisten und die Pulverzufuhrdüse nicht durch eine Kollision mit dem Laserstrahl zu gefährden, wird die Achse des Pulvergasstrahls entlang des Umfangs des Laserstrahls auf der Bauteiloberfläche geführt. Die laterale Auslenkung der Achse des Pulvergasstrahls beträgt damit r_L = 0,6 mm aus der Achse des Laserstrahls und beginnt mit $\varphi = 0°$ entgegen der Rotationsrichtung des Substrates. Die Achsposition des Pulvergasstrahls wird in dieser Weise im Uhrzeigersinn umlaufend bis $\varphi = 315°$ verschoben. Die laterale Relativposition wird in 9 Parameterstufen untersucht.

5.3 Oberflächenvermessung

Für die Verwendung von berührungslosen Messverfahren (s. Kap. 2.4) zur Erfassung der mittels EHLA erzeugten Beschichtungsoberflächen wird im Folgenden die Eignung für Beschichtungszwecke gängiger Messmittel

- Weißlichtinterferometer ZYGO Nexview NX2,
- konfokales Laser Scanning Mikroskop KEYENCE VK-9700K und
- Fokus-Variation Messsystem ALICONA InfiniteFocus untersucht.

Die Funktionsweise der Messverfahren kann in der Literatur [54, 56] nachvollzogen und die technischen Daten der verwendeten Messmittel können der Abbildung 34 entnommen werden. Für die bessere Einordnung der Untersuchungsergebnisse erfolgt nach der Ermittlung eines für die Vermessung von Beschichtungsoberflächen geeigneten berührungslosen Messmittels ein Vergleich mit einem industriell breit angewendetem taktilen Messmittel HOMMEL-ETAMIC TURBO WAVE.

Die genannten berührungslosen Messverfahren basieren auf einem optischen Messprinzip, wodurch das auf dem Sensor detektierte Messsignal (z. B. das Interferogramm bei einem Weißlichtinterferometer) von der Reflexion der zu vermessenden Oberfläche abhängig ist (vgl. Kap. 2.4). Ist die Messoberfläche verkippt oder verfügt sie über schiefe Ebenen, wird der reflektierte Messstrahl nicht mehr vollständig vom Objektiv erfasst und infolgedessen abgeschwächt. Die geringere Intensität des reflektierten Messtrahls führt zur Abnahme des Nutzsignals und seines Abstands zum Rauschsignal, wodurch eine eindeutige Ortsbestimmung erschwert wird. Objektseitige Kerben können den Messstrahl je nach Flankensteilheit mehrfach reflektieren, während spitze Kanten nur einen unwesentlichen Anteil des Messtrahls zum Sensor reflektieren und so eine unrichtige Oberflächenbeschaffenheit vortäuschen. Ob die Messdaten aufgrund ungültiger Datenpunkte durch Fehlinterpretation des Nutz-/Rauschsignals, Über- und Unterschwingen Artefakte aufweisen, oder die Oberflächenbeschaffenheit richtig wiedergegeben wird, kann nicht immer nachvollzogen werden [57]. Um das Verhalten des Messmittels bei Oberflächen mit verfahrenscharakteristischen Strukturen besser einordnen und nachvollziehen zu können, wird im Folgenden die gerätespezifische Übertragungscharakteristik an mittels EHLA erzeugten Beschichtungsoberflächen anhand der visuellen Darstellung im Vergleich zur REM-Aufnahme, Peak-to-Valley und der mittleren Steigung der Messdaten ermittelt. Die Eignung des berührungslosen Messmittels wird anschließend anhand eines Vergleiches der Messergebnisse mit einem taktilen Messgerät bewertet.

Das Messprinzip (z. B. Weißlichtinterferometer, Konfokales Laser Scanning Mikroskop, Fokusvariation), die Systemhardware (z. B. Objektiv, Sensor, motorische Verstelleinheiten) und die Verarbeitungssoftware (z. B. Auswertungsalgorithmus von Messsignalen des Sensors, Zusammenführung von Stapeldaten zum Höhenprofil) nehmen wesentlichen Einfluss auf die Übertragungscharakteristik des Messmittels und prägen damit das Messergebnis. Bei der Weißlichtinterferometrie und dem Konfokalen Laser Scanning Mikroskop werden als Rohdaten Stapel an Intensitätsbildern aufgezeichnet [56], bei der Fokusvariation werden Stapel an Kontrastbildern von der Messoberfläche aufgezeichnet. Diese Stapeldaten werden zu Topographiedaten der Oberfläche verarbeitet und dem Anwender ausgewertet bereitgestellt, während die Rohdaten anschließend verworfen werden und typischerweise nicht zugänglich sind [56]. Bei der Durchführung der Messaufgabe an einem gegebenen Messmittel hat der Anwender oftmals keinen Einblick in die Funktionsweise der herstellerspezifischen Verarbeitungssoftware sowie die Verarbeitungsalgorithmen und kann daher keinen Einfluss auf die Verarbeitungsmethodik der Rohdaten nehmen. Hinsichtlich der Systemhardware können typischerweise die Vergrößerungsstufen anhand der Verwendung unterschiedlicher Objektive durch den Anwender ausgewählt und so insbesondere auf die laterale Auflösung Einfluss genommen werden.

Für die Untersuchung der Übertragungscharakteristik wird die Oberfläche einer repräsentativen Beschichtung mittels der unterschiedlichen Messmittel aufgenommen (Abbildung 34). Da die Herausforderungen bei der messtechnischen Erfassung der Oberfläche hinsichtlich der Flankensteilheit und spitzen Kanten zu erwarten sind (wie oben genannt) und überwiegend Strukturen wie Partikelanhaftungen auf den mittels EHLA hergestellten Beschichtungen diese Eigenschaften aufweisen (Abbildung 34, REM-Aufnahme), findet die Untersuchung auf

Basis dieser Strukturen statt. Die maximale Strukturbreite kann anhand von zwei aneinander liegenden Partikelanhaftungen mit ca. 100 µm ermittelt werden. In Anlehnung an die Norm ISO 25178-3 sollte die Seitenlänge des Messfeldes für die Erfassung von relevanten Strukturen aus der fünffachen Strukturbreite bestehen. Die Seitenlänge des Messfeldes kann durch die Wahl der Vergrößerung bestimmt werden und sollte sich für eine vergleichbare Bewertungsgrundlage der Messmittel in einem ähnlichen Bereich der lateralen Auflösung befinden. Daher wird für Vergleichszwecke eine x20-Vergrößerung verwendet. Für die Darstellung der realen Oberflächengestalt und einem Abgleich mit den Topographiedaten werden Aufnahmen mittels eines Rasterelektronenmikroskops (REM) erzeugt, die eine visuelle Beurteilung der Übertragungscharakteristik ermöglichen.

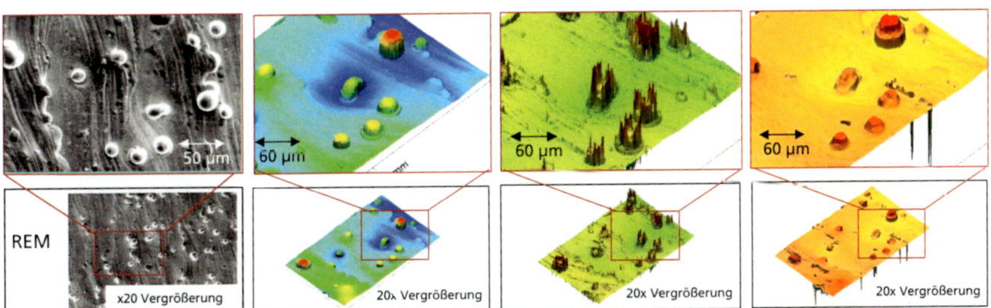

Messmittel [Herstellerbezeichnung]	ZYGO Nexview NX2	KEYENCE VK-9700K	ALICONA InfiniteFocus
Messprinzip [Art]	Weißlichtinterferometer	Konfokales Laser Scanning Mikroskop	Fokusvariation
Auflösung Bildsensor [Pixel]	1000 x 1000	1024 x 768	1624 x 1236
Objektive [Vergrößerung]	x1,4/ x5,5/ x20/ x50	x10/ x20/ x50/ x150	x2,5/x5/ x10/ x20/ x50/ x100
Seitenlänge bei x20 Vergrößerung [mm]	0,436 x 0,436	0,675 x 0,506	0,718 x 0,541
Laterale Auflösung [µm/Pixel] bei x20 Vergrößerung	0,436	0,659	0,440
Optische Auflösung bei x20 Vergrößerung [mm]	0,71	0,44	0,82
Sdq/ Rdq	0,862/ 0,455	8,380/ 5,843	4,959/ 4,097
Messzeit bei Messhöhe von 100 µm mit Z-Auflösung von 0,1 µm [s]	9	284	183
Baujahr	2019	2010	2010

Abbildung 34: Berührungslose Messmittel im technischen Vergleich: ZYGO Nexview NX2 (Weißlichtinterferometer), KEYENCE VK-9700K (Konfokales Laser Scanning Mikroskop), ALICONA InfiniteFocus (Fokusvariation) [Quelle: zugehörige Gerätehandbücher]; mit visueller Darstellung des Messergebnisses einer mittels EHLA erzeugten Beschichtungsoberfläche

Je nach Beschaffenheit der von den Geräten ausgegebenen Topographiedaten können unterschiedliche Messergebnisse und Kennwerte für dieselbe Oberfläche ermittelt werden, selbst wenn derselbe Filtertyp verwendet wird. Darüber hinaus ist eine sinnvolle Auswahl der Filtertypen und Grenzwellenlänge in Abhängigkeit der gerätespezifischen Topographiedaten zu wählen und sollte auf die Messaufgabe ausgerichtet sein. Um die Topographiedaten nicht zu verzerren und die Bewertung der gerätespezifischen Übertragungscharakteristik zu ermöglichen, werden daher für eine vergleichbare Bewertungsgrundlage keine individuellen Anpassungen an den ausgegebenen Topographiedaten nachträglich vorgenommen.

Die visuelle Darstellung der Topographiedaten erfolgt mittels Gwyddion 2.55 (OpenSource Programm) und zeigt in Abbildung 34 deutliche Unterschiede in der Übertragungscharakteristik der Messmittel. Die mittels ALICONA InfiniteFocus (Fokusvariation) hergestellten Topographiedaten weisen eine Block-ähnliche Übertragung der Strukturen in der z-Achse auf, die den Neigungswinkel der kugelförmigen Oberfläche nicht vollständig auflösen. Zudem sind stellenweise tiefe Spitzen mit einer Länge von bis zu 165 µm unterhalb der Messoberfläche ersichtlich, die in Querschliffen nicht festgestellt werden konnten. Die absolute Höhendifferenz vom tiefsten zum höchsten Punkt der Aufnahme beträgt ca. 220 µm. Die Topographiedaten der mittels KEYENCE VK-9700K (konfokales Mikroskop) vermessenen Vergleichsoberfläche zeigen ein Überschwingen an den steilen Flanken der Partikelanhaftungen, an welchen nur ein kleiner Teil des Messstrahls zum Sensor reflektiert wird. Auch in diesen Daten sind tiefe Spitzen von ca. 120 µm unterhalb der Messoberfläche vorhanden. Die absolute Höhendifferenz vom tiefsten zum höchsten Punkt der Aufnahme beträgt ca. 200 µm. Zudem ist zwischen den Partikelanhaftungen ein Rauschen in Form von kleineren Spitzen feststellbar. Das ZYGO Nexview NX2 (Weißlichtinterferometer) erzeugt Topographiedaten, die sowohl die kugelförmige Gestalt der Partikelanhaftungen als auch die steilen Flanken auflösen. Die visuelle Darstellung der Topographiedaten weist anhand dieser Merkmale eine Ähnlichkeit zu der realen Oberflächengestalt der REM-Aufnahme auf. Die absolute Höhendifferenz vom tiefsten zum höchsten Punkt der Topographiedaten beträgt ca. 55 µm.

Demnach sind die Unterschiede in der gerätespezifischen Übertragungscharakteristik durch ein unterschiedliches Auflösungsverhalten von kugelförmigen Strukturen und durch unterschiedliche Höhendifferenzen vom niedrigsten zum höchsten Messpunkt geprägt. Für die quantitative Erfassung und Bewertung dieser Messunsicherheiten wird die mittlere Steigung der Oberfläche Sdq (Gleichung 8.1 im Anhang, Definition kann DIN EN ISO 25178-2 entnommen werden) für die Topographiedaten ausgewertet (Abbildung 34). Durch den Kennwert Sdq kann die mittlere Steigung von Oberflächen in einer Kennzahl wiedergegeben und die Oberflächen miteinander verglichen werden. So ist der quadratische Mittelwert der lokalen Neigung in der Messfläche mit Sdq = 0,862 für das ZYGO

Nexview NX2 am kleinsten und für das KEYENCE VK-9700K mit Sdq = 8,38 am größten (Abbildung 34).

Zur Einordnung dieser Werte wird die Oberfläche mittels eines taktilen Messgeräts HOMMEL-ETAMIC TURBO WAVE V7.55 vermessen und ein Tastschnittprofil erzeugt (Abbildung 35). Aus dem Tastschnittprofil wird die durchschnittliche quadratische Steigung (Gleichung 8.2 im Anhang, Definition kann DIN EN ISO 4287 entnommen werden) von Rdq = 0,513 ermittelt. Um einen entsprechenden Vergleich zu den flächenhaften Topographiedaten zu ermöglichen, werden die Werte von drei Messlinien je flächenhaft vermessener Oberfläche arithmetisch gemittelt, um die Kenngröße Rdq zu ermitteln. Mit einem Wert von Rdq = 0,455 verfügt das Messergebnis des Messmittels ZYGO Nexview NX2 über die geringste Abweichung im Vergleich zum Messergebnis des taktilen Messgeräts (Abbildung 35).

Abbildung 35: Tastschnittprofil einer mittels EHLA erzeugten Beschichtung mit Rdq-Wert

Taktile Messung	
Typ [Herstellerbezeichnung]	HOMMEL-ETAMIC TURBO WAVE V7.55
Rdq	0,513

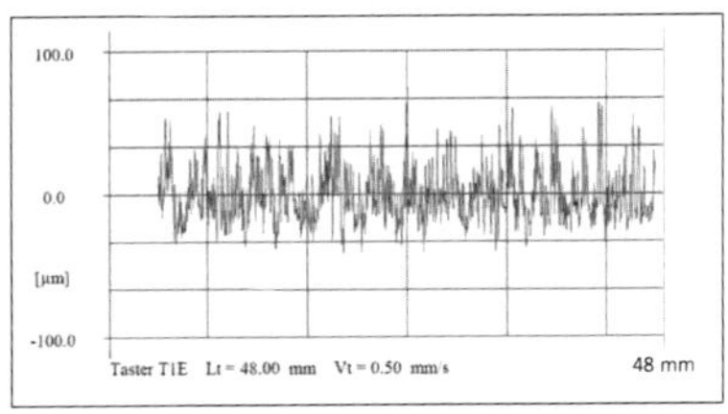

Für mittels EHLA erzeugte Beschichtungsoberflächen verfügt das ZYGO Nexview NX2 unter den untersuchten Messmitteln über eine Übertragungscharakteristik, mit welcher Topographiedaten der wirklichen Oberfläche mit der geringsten Abweichung erzeugt werden. Im Folgenden wird das Weißlichtinterferometer ZYGO Nexview NX2 (im Weiteren als WIM bezeichnet) dieser Arbeit als Messmittel zu Grunde gelegt. Neben den messtechnischen Vorteilen zeichnet sich das WIM ebenfalls durch eine deutlich kürzere Messzeit von 9 Sekunden gegenüber 284 Sekunden des KEYENCE VK-9700K und 183 Sekunden des ALICONA InfiniteFocus aus. Durch den Altersunterschied der Messmittel mit den Baujahren 2010 bis 2019 (s. Abbildung 34) und dem damit verbundenen technischen Fortschritt der Hardware wird die Messzeit jedoch nicht als Kriterium für die Bewertung herangezogen.

Vorgehen zur messtechnischen Erfassung und Auswertung von Beschichtungsoberflächen mittels WIM

Die hergestellte Beschichtungsoberfläche stellt, wie in Kapitel 2.3 definiert, die wirkliche Oberfläche dar und wird als Messobjekt mittels WIM vermessen (Abbildung 36). Nach der Erfassung der wirklichen Oberfläche gibt das WIM die Topographiedaten der Istoberfläche aus. Die Topographiedaten werden mittels Mx™-Software (Version 7.3) von ZYGO verarbeitet, denen für die weitere Analyse die Form des Bauteils (Rohr mit Außenradius von r = 50 mm, s. Kap. 4.4) abgezogen wird. Die daraus erhaltenen Topographiedaten werden als Primärprofil nach den Kenngrößen Sa, Ra, Rz, dem Materialvolumen Vm(p) und dem Rauheitsspektrum ausgewertet, wie in Kap. 2.3 beschrieben.

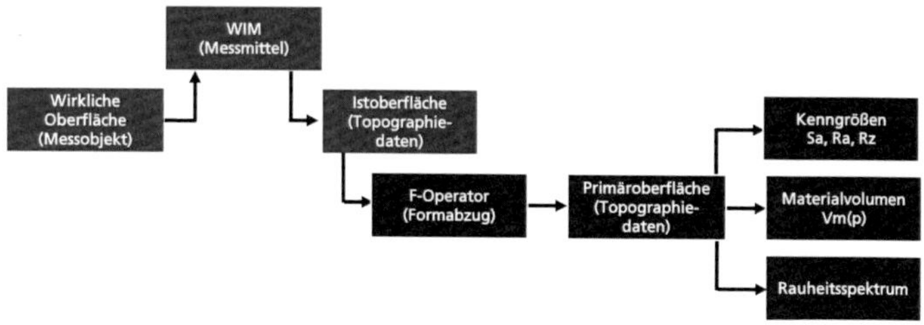

Abbildung 36: Ablauf der messtechnischen Erfassung und Auswertung von Oberflächen

Vergleich von WIM und taktilem Messgerät anhand der Kenngrößen Ra und Sa

Für den Vergleich der berührenden und berührungslosen Messmittel wird die Referenzbeschichtung mittels taktilem Messmittel HOMMEL-ETAMIC TURBO WAVE V7.55 und WIM vermessen. Der Mittenrauwert Ra wird mittels taktiler Messung der aperiodischen Beschichtungsoberfläche auf einer Gesamtmessstrecke von 12,5 mm nach ISO 11562 und DIN 4288 ermittelt. Die Messung wird zehnfach wiederholt und das Messergebnis arithmetisch gemittelt. Mit dem WIM werden zehn quadratische Aufnahmen mit der Seitenlänge von 6,31 mm (Objektiv mit Vergrößerung 1,4 x) erzeugt und in jeder Aufnahme das arithmetische Mittel aus drei Messlinien mit jeweiliger Gesamtmesstrecke von 6,31 mm gebildet, um den Rauheitswert Ra zu ermitteln. Zusätzlich wird aus den zehn flächenhaften Aufnahmen der Flächenrauheitswert Sa ausgewertet. Zur Einordnung und Untersuchung des Einflusses der kürzeren Gesamtmesstrecke bei den auf 6,31 mm begrenzten WIM-Aufnahmen auf den Rauheitswert werden zusätzlich taktile Messungen mit einer Gesamtmesslänge von 6,3 mm durchgeführt. Abbildung 37 zeigt für die taktile Messung einen Mittenrauwert von Ra = 5,76 µm für eine Gesamtmesstrecke von 6,3 mm und für eine Gesamtmesstrecke von 12,5 mm einen vergleichbaren Mittenrauwert von Ra = 5,83 µm, sodass der Einfluss der verkürzten Messstrecke als vernachlässigbar eingeschätzt wird. Mit Verlängerung der Messstrecke steigt die Wahrscheinlichkeit für die Erfassung von Ausreißern auf der Messstrecke, wodurch die Standardabweichung steigt.

Der Mittenrauwert auf Basis der flächenhaften Topographiedaten ist mit Ra = 6,24 µm im Vergleich zur taktilen Messung höher. Die Flächenrauheit beträgt Sa = 6,34 µm und weist die geringste Standardabweichung unter den durchgeführten Messreihen auf. Die Flächenrauheit Sa weist einen höheren Wert als die Linienrauheit Ra auf. Im Allgemeinen fallen die auf Basis der flächenhaften

Topographiedaten ermittelten Rauheitswerte höher als die der taktilen Messung aus. Dies gilt auch bei periodischer Struktur der Messoberfläche (Abbildung 54). Hervorgehoben werden kann die unterschiedliche Standardabweichung der Messergebnisse zueinander, wonach die Messergebnisse auf Basis der flächenhaften Aufnahmen über eine wesentlich kleinere Standardabweichung verfügen als die Messergebnisse auf Basis des Tastschnittprofils. Bei der Erfassung einer Oberfläche von 6,3 mm Länge wird ausgehend von einem Tastspitzenradius von 5 µm im Vergleich zur flächenhaften Messung mit einer quadratischen Seitenlänge von 6300 µm eine um 630-fach größere Datenmenge zur Ermittlung der Kennwerte ausgewertet, wodurch die Standardabweichung wesentlich geringer als bei der taktilen Messung ist.

Abbildung 37: Vergleich der mittels WIM und taktilen Messgeräts ermittelten Kenngrößen Sa, Ra

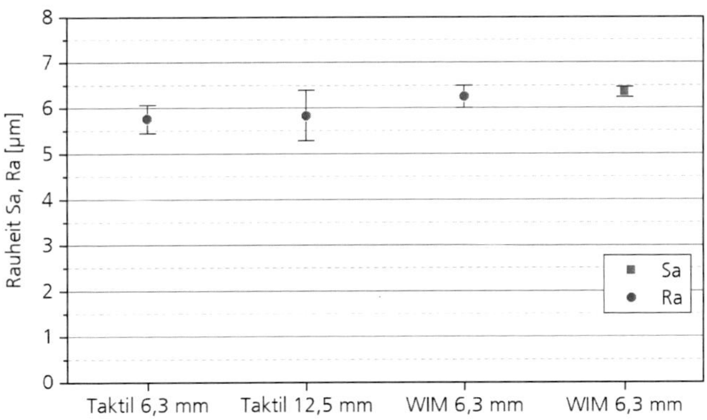

5.4 Charakterisierung der Schweißspurgestalt

Für die Ermittlung der Schweißspurgestalt bestehend aus der Breite, Höhe und Form wurden in einem ersten Ansatz Querschliffe der Schweißspur erstellt. Dabei wurden von der Probe Querschliffe quer zur Schweißspur angefertigt, mittels Nital 1 % (alkoholische Suspension mit einem Salpetersäureanteil (HNO_3) von 1 %) geätzt und anschließend Aufnahmen mittels Auflichtmikroskops erzeugt. Da die Gestalt der Schweißspur über ihre Länge deutlich schwankt, sind die Breite, Höhe und Form stark von der lokalen Entnahmestelle des Querschliffs in der Probe abhängig (Abbildung 38, oben). Damit ist auf Basis von Querschliffen keine eindeutige Aussage zur Gestalt möglich.

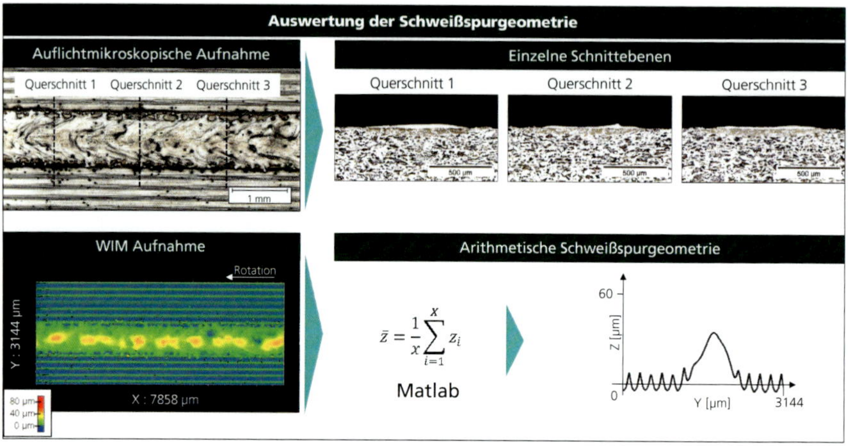

Abbildung 38:
Auswertung der Schweißspurgeometrie mittels Querschliffen (oben) und Höhendaten aus WIM- Aufnahmen (unten)

Um die lokale Abhängigkeit der Messstelle zu reduzieren und die Signifikanz der Auswertung zu steigern, wird die Datenmenge durch eine ganzheitliche Betrachtung der Schweißspur erhöht. Dafür wird das Höhenprofil der auf dem Substrat aufgetragenen Schweißspur mittels Weißlichtinterferometers erfasst (Kap. 5.3) und die Gestalt auf Grundlage der gewonnenen Höhendaten mittels Matlab (R21b) ausgewertet (Abbildung 38, unten). Die Aufnahme des Höhenprofils mit einer Abmessung von 7858 µm x 3143 µm und x = 2499 und y = 999 Pixeln verfügt über eine laterale Auflösung von 3,144 µm x 3,144 µm je abgebildetem Pixel. Die Schweißspur ist in der Aufnahme zentriert, sodass auf dem umliegenden Aufnahmebereich die Substratoberfläche ermittelt und mittels der Software MxTM (Version 7.6.0.4, Firma Zygo) als Nullniveau in z-Richtung festgelegt werden kann. Um die Breite, Höhe und Form der Schweißspur zu ermitteln, werden diese kartesischen Höhendaten exportiert und als Matrix mit der Software Matlab ausgewertet sowie graphisch dargestellt. Über die Bildung des arithmetischen Mittelwerts nach Gleichung 5.2 für jedes y_i und Darstellung als 2D-Plot kann die arithmetische Breite, Höhe und Form reproduzierbar ermittelt und visualisiert werden.

5.2
$$\bar{z} = \frac{1}{x}\sum_{i=1}^{X} z_i$$

Die Schweißspurbreite b wird vom Schweißspuranfang (SA) bis zum Schweißspurende (SE) im 2D-Plot entlang der x-Achse vermessen (Abbildung 39) und die ermittelte Pixelanzahl aus der Differenz (SE – SA) durch Multiplikation mit der lateralen Auflösung wieder ins Längenmaß gem. Gleichung 5.3 überführt.

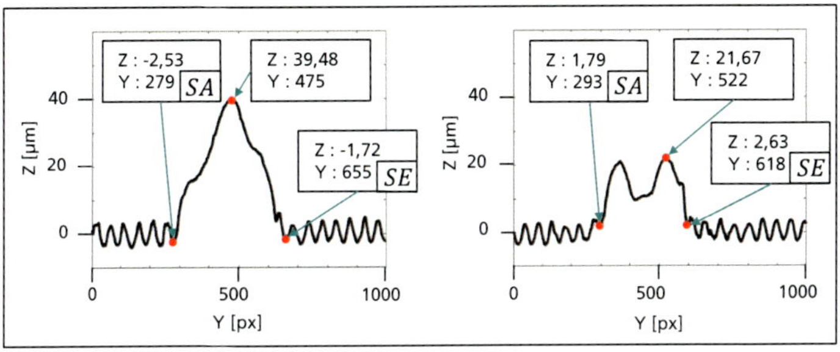

Abbildung 39: Beispielhafte Vermessung von Breite und Höhe einer Schweißspur anhand von 2D-Plots in Matlab

Die Höhe der Schweißspur wird am Maximalpunkt im 2D-Plot bestimmt und entspricht dem realen Höhenmesswert in z-Richtung.

5.3 $$b = (SE - SA) * 3{,}144\ \mu m$$

Das Nullniveau in z-Richtung einer gedrehten Substratoberfläche wird aufgrund des periodisch wechselnden Vorliegens an Material auf die mittlere Höhe zwischen Peak und Valley der Drehrillen festgelegt.

6 Anpassung der Oberflächenbeschaffenheit

6.1 Schweißspurgestalt und Spurversatz

Eine Beschichtung wird aus aneinandergelegten Schweißspuren im spiralförmigen Aufbau zusammengesetzt. Ist die erste Schweißspur hergestellt, wird jede weitere Schweißspur mit einem Spurversatz zur zuvor hergestellten Schweißspur deponiert, um eine flächige Beschichtung herzustellen. Je nach Schweißspurbreite b und dem Spurversatz f_E kann die geometrische Beziehung zweier sich überlappender Schweißbahnen als das Spurversatzverhältnis ϕ in Gleichung **6.1** ausgedrückt werden.

6.1

$$\phi = \left(\frac{b - f_E}{b}\right)(100\%)$$

Je größer das Spurversatzverhältnis ϕ ist, desto mehr Material je Flächeneinheit wird auf dem Bauteil deponiert und die Beschichtungsdicke nimmt zu. Während die initiale Gestalt der ersten Schweißspur unabhängig von dem Spurversatzverhältnis bleibt, weicht jede weitere Schweißspur von dieser Gestalt ab. Die Gestaltabweichungen können sich dabei auf die Spurhöhe, Spurbreite sowie ihre äußere Form beziehen und durch den partiellen Spurüberlapp auch Einfluss auf zuvor deponierte Schweißspuren (Abbildung 40) nehmen. Durch den spiralförmigen Aufbau einer Beschichtung nimmt die Gestalt der Schweißpur und der Spurversatz einen entscheidenden Einfluss auf die Gestalt der Beschichtung.

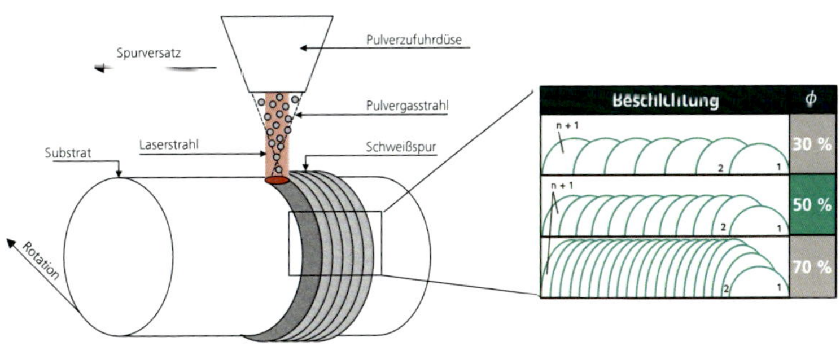

Abbildung 40: Einfluss des Spurversatzverhältnisses auf die Gestalt der Beschichtung: Prinzipieller Aufbau einer Beschichtung bestehend aus n Schweißspuren

Für die modelltheoretische Betrachtung entwickelten Ocelík et al. [67] ein mathematisches Modell unter der Annahme von glatten und regelmäßigen

Schweißspuren, welches die Beschichtungsgeometrie in Abhängigkeit des Spurversatzverhältnisses für bekannte und idealtypische Schweißspurgeometrien (parabolisch, bogenförmig, sinusförmig, elliptisch) rekursiv untersucht. Jedoch ist für die Ausführung des Modells und die Anwendung der schmelzphysikalischen Annahmen vorausgesetzt, dass die jeweilige Schweißspurgeometrie der Beschichtung bekannt ist.

Um den Einfluss der Schweißspurgestalt und des Spurversatzes auf die Oberflächenbeschaffenheit der Beschichtung im EHLA-Verfahren experimentell zu untersuchen, wird auf Basis des Referenzparametersatzes (Kap. 5.1) im ersten Schritt die Schweißspurgestalt analysiert sowie mittels der Variation von Prozessparametern verändert und wie unter Kapitel 5.4 beschrieben, ausgewertet. Im nächsten Schritt wird mit einer Auswahl an Schweißspuren mit unterschiedlicher Gestalt der Spurversatz variiert und die resultierende Beschichtungsoberfläche, wie unter Kapitel 5.3 beschrieben, ausgewertet.

Um eine möglichst ungerichtete Oberflächenstruktur und einen geringen Einfluss der Vorzugsrichtung durch Drehrillen der Substratoberfläche (Untersuchung des Einflusses der Substratoberfläche erfolgt in Kap. 6.2) auf das Beschichtungsergebnis zu erhalten, wird das feingedrehte Substrat vor den Untersuchungen sandgestrahlt. Dafür wird die Referenzoberfläche nach dem Drehen mit Drehvorschub f_D = 0,2 mm/U mittels einer Handstrahlkabine der Firma MHG sandgestrahlt. Als Strahlgut werden Glasperlen in der Kornfraktion 100 – 200 µm verwendet und bei einem Strahldruck von p = 8 bar appliziert. Die Strahlpistole wird in einem Strahlabstand von d = 150 mm und einem Strahlwinkel von 45° zur Substratoberfläche positioniert. Die Substratoberfläche vor dem Beschichten ist in Abbildung 53 rechts dargestellt. Durch das Sandstrahlen und die Interaktion der Glasperlen mit der gedrehten Substratoberfläche wird eine isotrope Mikrorauheit erzeugt, die durch eine anisotrope Makrorauheit des Drehvorschubs mit 0,2 mm/U unterlegt ist.

Einfluss des Pulvermassenstroms auf die Schweißspurgestalt

Bei einer Steigerung des Pulvermassenstroms von 4,8 g/min auf 19,2 g/min nimmt die arithmetische Breite um 11 % und die arithmetische Schweißspurhöhe (wie in Kap. 5.4 definiert) um 32 % (Abbildung 41) zu. Gegenüber dem Referenzparameter mit einem Pulvermassenstrom von 9,6 g/min und einer Breite von 1075 µm sowie einer Höhe von 28 µm verändert sich die Schweißspurbreite bei 4,8 g/min auf 1030 µm und die Höhe auf 17 µm sowie bei 19,2 g/min auf 1045 µm und 56 µm. Besonders auffallend ist die Form der Schweißspur, welche sich beim Referenzparameter aus Materialansammlungen an den beidseitigen Rändern der Schweißspur ausprägt, die sich über die Mitte der Schweißspur verbinden. Mit Reduzierung des Pulvermassenstroms bleibt die Form weiterhin erhalten, während die Schweißspurmitte nahezu auf das Höhenniveau der Substratoberfläche sinkt. Mit Steigerung des Pulvermassenstroms wird die Mulde in der Schweißspurmitte reduziert, bis die Schweißspur eine gaußförmige Form annimmt. Bei einem Pulvermassenstrom von 19,2 g/min werden zudem Materialansammlungen in Rotationsrichtung gebildet (Falschfarbenbild), die periodisch angeordnet sind.

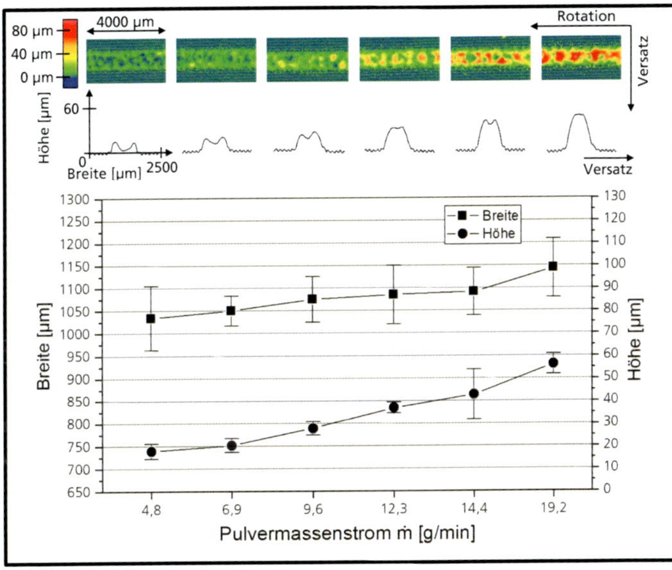

Abbildung 41: Arithmetische Schweißspurgestalt (Kap. 5.4) in Abhängigkeit des Pulvermassenstroms

Oben: WIM-Aufnahmen der Schweißspuren
Mitte: Arithmetische Form der Schweißspuren im 2D-Plot
Unten: Arithmetische Breite und Höhe der Schweißspuren

Untersuchung auf Grundlage des Referenzparametersatzes (Kap. 5.1) mit $\dot{m}$ = 9,6 g/min

Einfluss des Fördergasvolumenstroms auf die Schweißspurgestalt

Die Steigerung des Fördergasvolumenstroms von 3 auf 12 l/min führt zu einer Verkleinerung der arithmetischen Breite und Höhe der Schweißspur (Abbildung 42). Gegenüber dem Referenzparameter mit einem Fördergasvolumenstrom von 6 l/min, einer Breite von 1075 µm und Höhe von 28 µm wird die Schweißspur mit 3 l/min auf 1160 µm Breite und 56 µm Höhe vergrößert und die Schweißspur mit 12 l/min auf 1051 µm Breite und 29 µm Höhe verkleinert. Die Form der Schweißspur mit 12l/min Fördergasvolumenstrom gleicht der Schweißspur des Referenzparameters, während die Schweißspur mit 3 l/min eine deutliche Materialansammlung in der Spurmitte mit einem starken Abfall bis auf das Höhenniveau der Substratoberfläche aufweist. Die Schweißspur bildet in Rotationsrichtung periodisch längliche Materialansammlungen aus und der beidseitige Randbereich der Schweißspur ist durch eine furchenartige Materialansammlung geprägt.

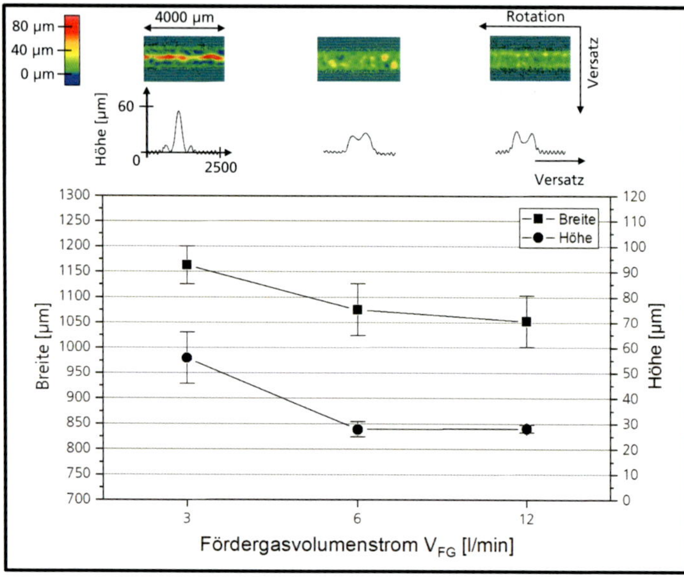

Abbildung 42: Arithmetische Schweißspurgestalt (Kap. 5.4) in Abhängigkeit des Fördergasvolumenstroms

Oben: WIM-Aufnahmen der Schweißspuren
Mitte: Arithmetische Form der Schweißspuren im 2D-Plot
Unten: Arithmetische Breite und Höhe der Schweißspuren

Untersuchung auf Grundlage des Referenzparametersatzes (Kap. 5.1) mit V_{FG} = 6 l/min

Einfluss der Laserleistung auf die Schweißspurgestalt

Die Steigerung der Laserleistung von 1300 auf 2100 Watt führt zu einer Vergrößerung der arithmetischen Breite der Schweißspur, während die Höhe verkleinert wird (Abbildung 43). Gegenüber dem Referenzparametersatz mit einer Laserleistung von 1800 Watt und einer Breite von 1075 µm und Höhe von 28 µm wird die Schweißspur mit 1300 Watt auf eine Breite von 945 µm verkleinert und auf eine Höhe von 45 µm vergrößert. Bei 2100 Watt verfügt die Schweißspur über eine Breite von 1200 µm und eine Höhe 32 µm. Die Form der Schweißspur wird im Intervall von 1600 bis 2100 beibehalten, welche durch Materialansammlungen im beidseitigen Randbereich der Schweißspur ausgeprägt ist und weitestgehend der Form des Referenzparameters entspricht. Unterhalb von 1500 Watt Laserleistung verlagert sich das Material zur Schweißspurmitte. Jedoch weist die Schweißspur ab einer Laserleistung unterhalb von 1400 Watt und darunter keine geschlossene Oberfläche mehr auf, sodass das deponierte Material zu keinem geschlossenen, die Oberfläche des Substrates vollständig bedeckendem Schichtaufbau beiträgt.

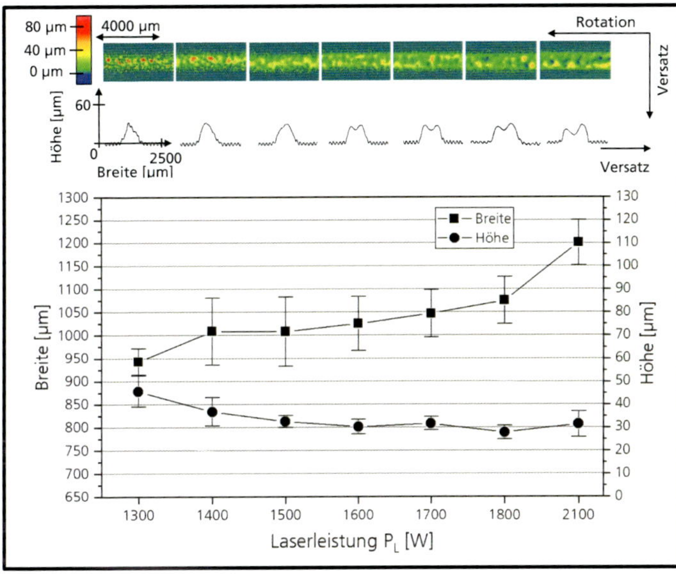

Abbildung 43: Arithmetische Schweißspurgestalt (Kap. 5.4) in Abhängigkeit der Laserleistung

Oben: WIM-Aufnahmen der Schweißspuren
Mitte: Arithmetische Form der Schweißspuren im 2D-Plot
Unten: Arithmetische Breite und Höhe der Schweißspuren

Untersuchung auf Grundlage des Referenzparametersatzes (Kap. 5.1) mit P_L = 1800 W

Einfluss der Umfangsgeschwindigkeit auf die Schweißspurgestalt

Die Steigerung der Umfangsgeschwindigkeit von 25 auf 100 m/min führt zu einer Verkleinerung der arithmetischen Breite und Höhe der Schweißspur (Abbildung 44). Gegenüber dem Referenzparameter mit einer Umfangsgeschwindigkeit von 50 m/min und einer Breite von 1075 µm und Höhe von 28 µm wird die Schweißspur mit 25 m/min auf 1225 µm Breite und 105 µm Höhe vergrößert und die Schweißspur mit 100 m/min auf 800 µm Breite und 18 µm Höhe verkleinert. Bei einer Umfangsgeschwindigkeit von 25 bis 40 m/min erfolgt eine starke Verkleinerung der Schweißspurhöhe, bis diese sich ab 50 m/min nicht mehr wesentlich ändert, während die Breite kontinuierlich bis 100 m/min verkleinert wird. Ausgehend vom Referenzparameter erfolgt bei Erhöhung der Umfangsgeschwindigkeit eine Materialansammlung in der Schweißspurmitte. Zudem ist die Schweißspur bei 100 m/min durch Materialagglomerate mit unbenetzten Stellen der Substratoberfläche ausgeprägt, die innerhalb des Wirkbereichs des Laserstrahls nicht miteinander verbunden sind. Auch bei kleineren Umfangsgeschwindigkeiten ausgehend vom Referenzparameter ist eine Materialansammlung in der Schweißspurmitte erkennbar, die mit langsamerer Umfangsgeschwindigkeit an Höhe zunimmt. Das Material der Schweißspur verteilt sich asymmetrisch entgegengesetzt zur Versatzrichtung. Die Schweißspur mit der

Umfangsgeschwindigkeit 25 m/min hat die größte Materialansammlung, die steil sowie stellenweise bis unter das Höhenniveau der Substratoberfläche abfällt (vgl. WIM-Aufnahme) und zum Randbereich eine furchenartige Materialansammlung aufweist.

Abbildung 44: Arithmetische Schweißspurgestalt (Kap. 5.4) in Abhängigkeit der Umfangsgeschwindigkeit

Oben: WIM-Aufnahmen der Schweißspuren
Mitte: Arithmetische Form der Schweißspuren im 2D-Plot
Unten: Arithmetische Breite und Höhe der Schweißspuren

Untersuchung auf Grundlage des Referenzparametersatzes (Kap. 5.1) mit v = 50 m/min

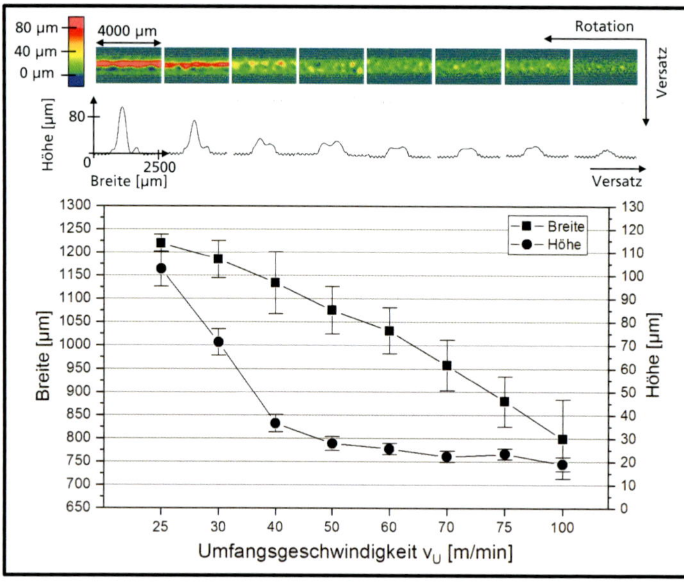

Grundformen von Schweißspuren

Die Untersuchungen zeigen, dass die Gestalt der Schweißspur stark von der Wahl der Prozessparameter (Pulvermassenstrom, Fördergasvolumenstrom, Laserleistung und Umfangsgeschwindigkeit) abhängt. Um im nächsten Schritt den Einfluss der Schweißspurgestalt auf die Oberflächenbeschaffenheit der Beschichtung zu untersuchen, werden die durchgeführten Versuche zur Eingrenzung und Auswahl von Schweißspuren mit unterschiedlicher Gestalt in einem gemeinsamen Versuchsraum aufgenommen. Die Versuche werden der Streckenenergie E_S nach Gleichung 6.2

6.2

$$E_S = \frac{P_L}{v}$$

und der Streckenmasse m_S nach Gleichung **6.3** zugeordnet.

6.3
$$m_S = \frac{\dot{m}}{v}$$

In Abbildung 45 sind die durchgeführten Versuche in Abhängigkeit der Streckenenergie und der Streckenmasse aufgetragen. Die Schweißspuren in den Bereichen (A) – (D) weisen Gemeinsamkeiten hinsichtlich ihrer Form auf. Im Vergleich der Schweißspuren der Bereiche (A) – (D) zueinander, kann für die äußeren Punkte (schwarze Punkte) ein wesentlicher Unterschied in der Gestalt der Schweißspur identifiziert werden.

Abbildung 45: Einordnung der erzeugten Schweißspuren bei Variation von Pulvermassenstrom, Laserleistung, Umfangsgeschwindigkeit in einem Diagramm mit Streckenenergie und Streckenmasse

Bereiche (A) – (D) kennzeichnen Schweißspuren mit ähnlicher Form

Äußere Punkte (schwarz) mit wesentlichem Unterschied der Schweißspurgestalt, Referenz (rot)

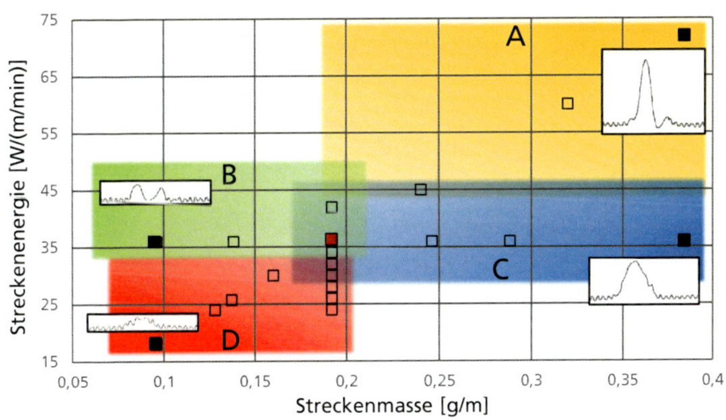

Diese vier wesentlichen Grundformen der Schweißspuren mit Vergleich zum Referenzparametersatz (R) sind in Abbildung 46 nochmal einzeln dargestellt. Grundform (A) ist durch eine Materialansammlung in der Schweißspurmitte ausgeprägt. Die Materialansammlung fällt beidseitig zum Randbereich der Schweißspur steil und stellenweise bis unter das Höhenniveau der Substratoberfläche (Einbrand) ab. Dabei kann im Randbereich der Schweißspur eine furchenartige Materialaufwerfung auftreten, die sich über das Höhenniveau der Substratoberfläche hebt (vgl. 2D-Plot der Schweißspur Grundform A im rechten Randbereich).

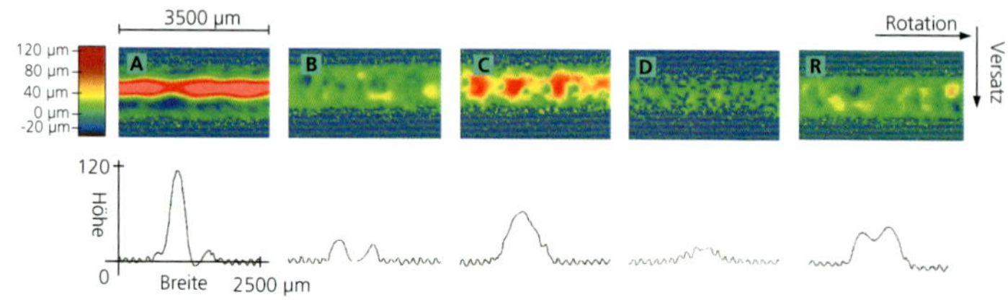

Abbildung 46: Grundformen von Schweißspuren

A: Steile mittige Materialansammlung
B: Beidseitige Materialansammlung im Randbereich
C: Mittige, gaußförmige Materialansammlung
D: Nicht zusammenhängende Materialansammlung
R: Referenz

Grundform (B) ist durch Materialansammlungen im beidseitigen Randbereich der Schweißspur ausgeprägt, die über die Schweißspurmitte miteinander verbunden sind. Grundform (C) verfügt über eine Materialansammlung in der Schweißspurmitte, die im Vergleich zur Grundform (A) wesentlich flacher und breiter ist. Grundform (D) verfügt über eine schwerpunktmäßige Materialansammlung in der Schweißspurmitte, die im Wirkbereich des Laserstrahls nicht vollständig zusammenhängend ist.

Für die Schweißspuren mit den Grundformen (A) – (D) wurde gegenüber dem Referenzparametersatz (Kap. 5.1), wie in Tabelle 5 dargestellt, jeweils ein Parameter angepasst, um den Einfluss auf die Schweißspurgestalt zu untersuchen. Die Prozessparameter der ermittelten Schweißspurgestalten dienen im Folgenden als Grundlage für die Erzeugung von flächigen Beschichtungen und die Untersuchung ihres Einflusses auf die Oberflächenbeschaffenheit.

Tabelle 5: Parameteränderung gegenüber dem Referenzparametersatz (Kap. 5.1) für vier Schweißspurgestalten (A) – (D)

Schweißspurgestalt	Parameteränderung	Referenzwert (R)	Wert
A	Umfangsgeschwindigkeit [m/min]	50	25
B	Pulvermassenstrom [g/min]	9,6	4,8
C	Pulvermassenstrom [g/min]	9,6	19,2
D	Umfangsgeschwindigkeit [m/min]	50	100

Einfluss der Schweißspurgestalt und des Spurversatzes auf die Flächenrauheit Sa

Um den Einfluss der Schweißspurgestalt auf die Oberflächenbeschaffenheit der Beschichtung zu untersuchen, werden die Parametersätze der Schweißspuren (Tabelle 5) mit den identifizierten Grundformen (A) – (D) spiralförmig mit einem Spurversatz von 0,1 bis 0,6 mm/U flächig als Beschichtung aufgetragen. Die Aufnahmen der erzeugten Beschichtungen für den Spurversatz 0,2 mm/U (Referenz) sind Beschichtungen mit dem größten Spurversatz von 0,6 mm/U in Abbildung 47 exemplarisch gegenübergestellt und weisen von (A) bis (D) eine visuell erkennbar absteigende Makrorauheit auf. Beschichtung (A) verfügt gegenüber (D) über größere Strukturen an der Oberfläche. Die Erhöhung des Spurversatzes von 0,2 mm/U auf 0,6 mm/U vergrößert die Makrorauheit und der spiralförmige Aufbau der Beschichtung wird visuell deutlich erkennbar.

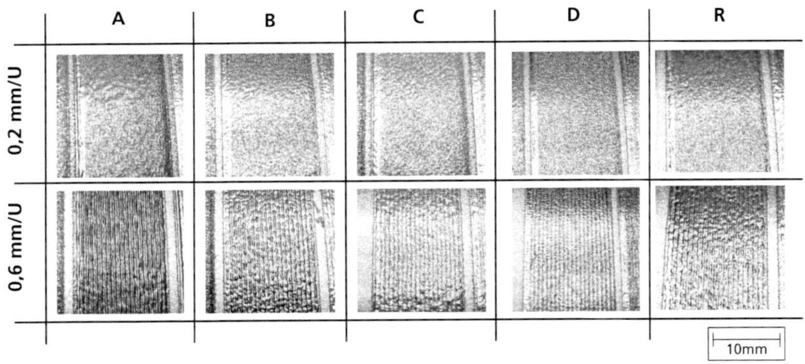

Abbildung 47:
Aufnahmen von Beschichtungsoberflächen hergestellt aus den vier Grundformen (A) – (D) der Schweißspuren (Abbildung 46) mit den Spurversätzen 0,2 und 0,6 mm/U. Zum Vergleich ist die Referenzbeschichtung (R) aus Kap. 5.1 dargestellt. (Exemplarische metallographische Querschliffe ausgewählter Beschichtungen sind im Anhang in Abbildung 91 enthalten)

Die Auswertung der Flächenrauheit Sa zeigt für die erzeugten Beschichtungen (Abbildung 48) Rauheitswerte bis Sa = 37 µm (Referenzbeschichtung bei 0,2 mm/U Sa = 6,3 µm) bei Erhöhung des Spurversatzes auf 0,6 mm/U. Die Beschichtung aus den Schweißspuren mit der Grundform (A) weist bei einem Spurversatz von 0,1 mm/U eine Flächenrauheit von Sa = 8 µm auf, die bei einem Spurversatz von 0,2 mm/U auf 12 µm ansteigt und sich bei 0,4 mm/U nicht signifikant verändert. Bei einer Vergrößerung des Spurversatzes auf 0,6 mm/U wird der höchste Anstieg und die größte Flächenrauheit mit Sa = 37 µm unter den Beschichtungen erreicht. Die Beschichtungen hergestellt aus der Schweißspurform (B) verfügen bei den Spurversätzen 0,1 und 0,2 mm/U über die kleinste Flächenrauheit von ca. Sa = 5,5 µm. Bei einem Spurversatz von 0,4 und 0,6 mm/U weisen die Beschichtungen eine kontinuierlich steigende Flächenrauheit bis auf Sa = 20,7 µm auf. Trotz ähnlicher Schweißspurgeometrie (Abbildung 41) verfügen die Beschichtungen (R) hergestellt mit dem Referenzparametersatz über eine geringere Steigerung der Rauheit in diesem Bereich. Dies könnte auf die kleinere Mulde in der Schweißspurmitte von (R) zurückzuführen sein, die bei einem größerem Spurversatz nicht mehr von der nachfolgenden Schweißspur gefüllt wird (vgl. Abbildung 46, Abbildung 48, Prinzipskizze). Mit der

Schweißspurform (C) verfügt die Beschichtung bei einem Spurversatz von 0,1 mm/U über eine Rauheit von Sa = 7,6 µm, die bei Vergrößerung des Spurversatzes gering ansteigt und bei 0,6 mm/U eine Rauheit von Sa = 10,2 µm erreicht. Die Flächenrauheit für Beschichtungen bestehend aus der Schweißspurform (D) kann mit der Steigerung des Spurversatzes kontinuierlich reduziert werden.

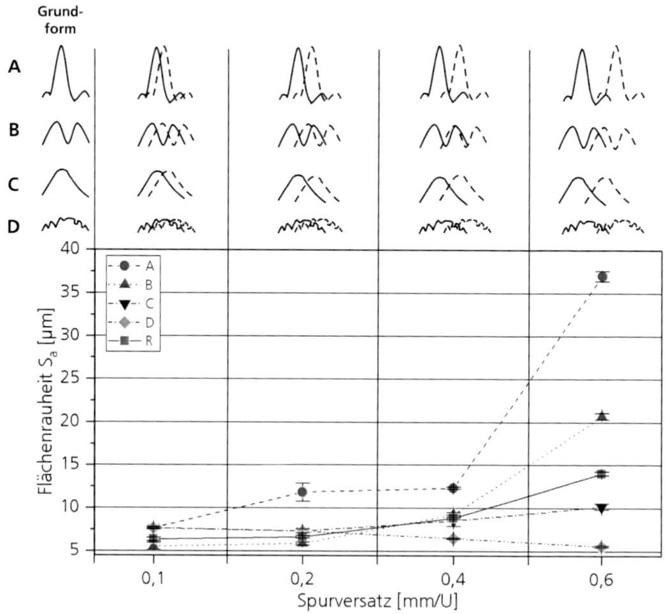

Abbildung 48: Flächenrauheit Sa für Beschichtungen hergestellt aus den vier Grundformen (A) – (D) der Schweißspuren (Abbildung 46) in Abhängigkeit des Spurversatzes von 0,1 – 0,6 mm/U

Zum Vergleich eine Beschichtung (R) hergestellt mit dem Referenzparametersatz (Kap. 5.1)

Oben: Prinzipskizze unterschiedlicher Grundformen von Schweißspuren (durchgehend) mit Variation des Spurversatzes (gestrichelt)

Zusammenfassend kann festgestellt werden, dass die Schweißspurgestalt in Abhängigkeit des Spurversatzes einen Einfluss auf die Flächenrauheit Sa hat. Für die Schweißspurformen (A), (B) und (R) sinkt die Flächenrauheit, je kleiner der Spurversatz gewählt wird. Daher eignen sich diese Schweißspurformen insbesondere für Beschichtungsaufgaben, bei welchen mit einem kleinen Spurversatz gearbeitet wird. Diese Beschichtungsaufgaben können z. B. eine besonders geringe Aufmischung des Grundwerkstoffs in den Beschichtungswerkstoff zum Ziel haben. Die Flächenrauheit für Beschichtungen hergestellt aus der Schweißspurform (C) bleibt auch bei größeren Spurversätzen robust und ist weitestgehend unempfindlich gegen Anpassungen des Spurversatzes. Vorteile bietet diese Schweißspurform bei Beschichtungsaufgaben mit großer erforderlicher Flächenrate, bei welchen mit großem Spurversatz gearbeitet wird. Zudem kann die Beschichtungsdicke über die einfache Anpassung des Spurversatzes variiert werden, ohne die Flächenrauheit wesentlich zu verändern. Beschichtungen bestehend aus der Schweißspurform (D) verfügen über eine kontinuierlich sinkende Flächenrauheit mit Vergrößerung des Spurversatzes. Da die niedrigsten Punkte der Beschichtungsoberfläche dieser Schweißspurform jedoch stellenweise unterhalb des Niveaus der Bauteiloberfläche liegen (vgl. Abbildung 51, links), ist die Verwendung für Korrosionsschutzzwecke unvorteilhaft. Bei der Verwendung z. B. als Gegenlaufflächen weisen die Beschichtungen (D) bei einem Traganteil von 80 % mit ca. 20 µm (Spurversatz von 0,2 mm/U) und unter 5 µm (Spurversatz von 0,6 mm/U) die geringste Dicke in der Versuchsreihe auf (vgl. Abbildung 51, rechts).

Einfluss der Schweißspurgestalt und des Spurversatzes auf das Rauheitsspektrum Sa

Um den Einfluss von unterschiedlichen Strukturgrößen auf die Oberflächenbeschaffenheit der Beschichtung und ihre Zusammensetzung zu bewerten, wird die Flächenrauheit Sa in Abhängigkeit ihrer Wellenlänge für die erzeugten Beschichtungen mit unterschiedlichen Schweißspurgestalten betrachtet (Abbildung 49). Die kurz- und mittelwelligen Strukturen sind bei einem Spurversatz von 0,2 mm/U stärker ausgeprägt, während die Flächenrauheit bei 0,6 mm/U überwiegend von langwelligen Strukturen bestimmt wird und ein Maximum im Bereich des Spurversatzes (600 µm) einnimt.

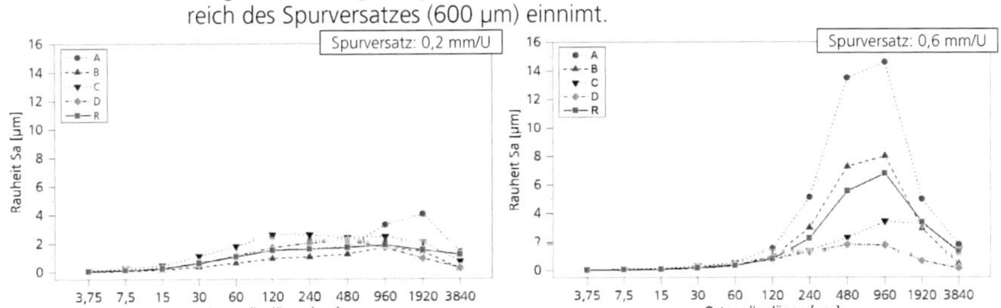

Abbildung 49: Rauheitsspektren der Beschichtungen bestehend aus Schweißspurform (A) – (D) und (R) Referenzparameter mit einem Spurversatz von 0,2 (links) und 0,6 mm/U (rechts)

Durch einen kleinen Spurversatz ist der Schweißspuranteil größer, der von der nachfolgenden Schweißspur überdeckt wird. Damit bildet nur ein kleiner Schweißspuranteil die später resultierende Beschichtungsoberfläche. Je größer der Spurversatz gewählt wird, desto mehr von der ursprünglichen Schweißspurgeometrie wird erhalten. Wie in den Prinzipskizzen von Abbildung 48 dargestellt, resultiert die finale Beschichtungsoberfläche bei kleineren Spurversätzen, wie bei 0,1 und 0,2 mm/U, aus dem Randbereich der Schweißspur, während bei einem Spurversatz von 0,6 mm/U in Abhängigkeit der Schweißspurbreite der größere Schweißspuranteil nicht von der nachfolgenden Schweißspur bedeckt wird.

Die Randbereiche der Schweißspurform (C) und (D) sind durch einen erhöhten Anteil an kurz- und mittelwelligen Strukturen gegenüber der Schweißspurform (A) und (B) ausgeprägt, wodurch die Beschichtungen bei einem Spurversatz von 0,2 mm/U über eine größere Flächenrauheit im kurz- und mittelwelligen Spektralbereich von ca. 15 – 240 µm verfügen (Abbildung 49, links). Diese kurz- und mittelwelligen Strukturen bestehen überwiegend aus Anhaftungen durch einzelne und agglomerierte Pulverpartikel im Randbereich der Schweißspur (Abbildung 46). In Abhängigkeit der Schweißspurbreite und Ausprägung der Randbereiche (s. Kapitel 6.4) können die Partikelanhaftungen durch den Spurüberlapp auch auf die Oberfläche der zuvor hergestellten Schweißspuren abgelegt werden, wodurch die Dichte an Partikelanhaftungen der bereits hergestellten Beschichtungsoberfläche im Verlauf des Beschichtungsprozesses weiter zunehmen und mit ihr die Rauheit vergrößert werden kann.

Wird dahingegen bei einem vergrößerten Spurversatz von 0,6 mm/U der Bereich zwischen zwei aneinander liegenden Schweißspuren nicht hinreichend mit Material nachfolgender Schweißspuren gefüllt, kann die Schweißspur in Abhängigkeit ihrer Form und Höhe die Höhendifferenz der Beschichtungsoberfläche prägen, wie für (A) in der Abbildung 48 (Prinzipskizze) dargestellt. Diese bereits visuell wahrnehmbaren langwelligen Strukturen (Abbildung 47) erhöhen den langwelligen Rauheitsanteil im Bereich von ca. 480 – 1920 µm bedeutend (Abbildung 49, rechts).

Im untersuchten Prozessfenster folgt daraus, dass die Beschaffenheit des Randbereichs einer Schweißspur entscheidend für die Rauheit einer Beschichtung insbesondere bei kleinem Spurversatz ist. Die klein- und mittelwelligen Strukturen wie Anhaftungen oder Partikelagglomerate im Randbereich führen bei kleinem Spurversatz zu einem erhöhten Rauheitsanteil im Vergleich zu Beschichtungen mit größerem Spurversatz. Bei Vergrößerung des Spurversatzes steigt der Einfluss der Schweißspurgestalt auf die Rauheit der Beschichtung und der langwellige Rauheitsanteil nimmt zu.

Einfluss der Schweißspurgestalt und des Spurversatzes auf die Wirkfläche und den Traganteil

Wie in Kap. 2.1 dargestellt, hat die Beschaffenheit der Oberfläche je nach Anwendungsfall Einfluss auf z. B. das Schmier- und Dichtheitsverhalten eines Bauteils, wodurch die Wahl der Prozessparameter und die resultierende Wirkfläche von technischer Relevanz ist. Für die Darstellung der Wirkfläche eines definierten Traganteils der Oberfläche werden die Höhendaten der Beschichtungen bestehend aus den Schweißspurgestalten (A) – (D) und (R) als Grundlage für die Ermittlung der Schnittebenen, wie in Abbildung 12 dargestellt, verwendet. Die Abbildung 50 enthält die Darstellung der resultierenden Wirkflächen für die Spurversätze 0,2 und 0,6 mm/U in Abhängigkeit des Traganteils der Oberfläche von 5 %, 50 % und 80 %.

Im Unterscheid zu den Wirkflächen beim Spurversatz von 0,2 mm/U verfügen die Wirkflächen bei 0,6 mm/U über einzeln ausgeprägte Strukturen in Rotationsrichtung, welche den Schweißpuren entsprechen. Sowohl für einen Spurversatz von 0,2 als auch für 0,6 mm/U ist ein Anstieg der zusammenhängenden Wirkfläche mit zunehmendem Traganteil erkennbar. Darüber hinaus unterscheidet sich die Struktur der zusammenhängenden Wirkfläche beim Spurversatz von 0,2 mm/U mit der zugrunde liegenden Schweißspurgestalt. Bei der Schweißspurgestalt (A) weist die Wirkfläche grobe und makroskopisch heterogen zusammenhängende Bereiche auf, während die Wirkfläche der Beschichtung mit der Schweißspurgestalt (D) über makroskopisch homogen und feinverteilte Bereiche verfügt. Die Wirkflächen der Schweißspurgestalt (B) ähneln den Wirkflächen des Referenzparameters mit Schweißspurgestalt (R), die auch über eine Ähnlichkeit ihrer Schweißspurgestalt verfügen. Die Wirkflächen mit Schweißspurgestalt (C) weisen eine feine Zeiligkeit in Rotationsrichtung auf, die dem Spurversatz entspricht (vgl. Abbildung 60). Die Struktur der zusammenhängenden Wirkfläche beim Spurversatz von 0,6 mm/U weist ein anisotropes Muster unabhängig von der zugrundeliegenden Schweißspurgestalt auf.

Sowohl die technischen Vorteile eines definierten Traganteils als auch die mit ihm verbundenen Strukturen der erzeugten Oberfläche hängen von den Funktionseigenschaften der jeweiligen Anwendung ab. Talvolumina der Oberflächen dienen für Tribologische Systeme oftmals als Reservoir für Schmierstoff, um das Gleitverhalten sowie die Standzeit von Gegenlaufflächen zu steigern. Hierbei nimmt die Größe und Orientierung von Strukturen (z. B. längs oder quer zur Relativbewegung) der Oberfläche einen Einfluss auf die Funktionseigenschaften. Oberflächen mit einem großen Traganteil können zur Erhöhung von Reibwerten und Reduzierung der Flächenpressung bei der Kraftübertragung genutzt werden. Die Abbildung 50 zeigt trotz gleicher Kennwerte unterschiedliche Strukturen der Oberfläche und soll einen visuellen Eindruck der für die jeweilige Anwendung erzielbaren Oberflächenbeschaffenheit durch die Variation der Schweißspurform vermitteln.

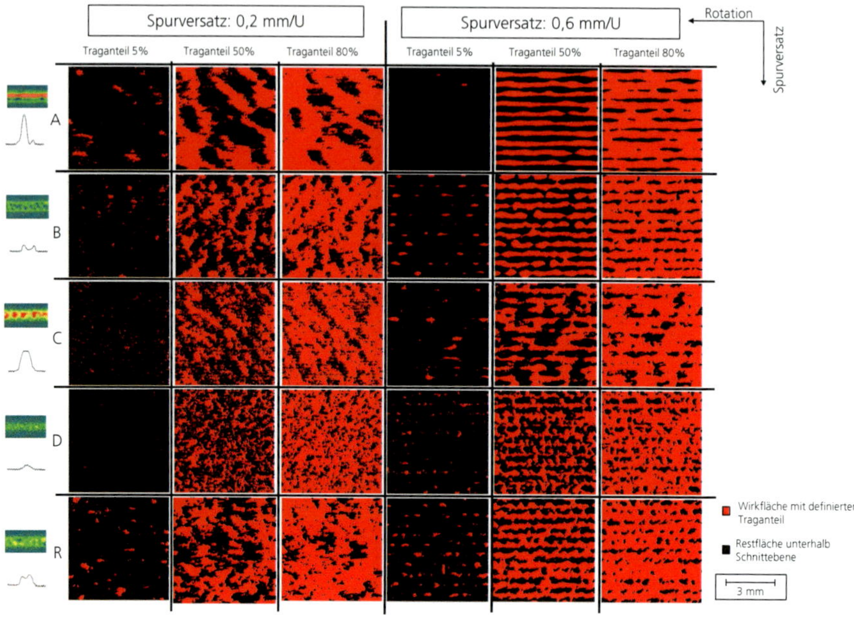

Abbildung 50: Wirkflächen ermittelt aus dem Höhenprofil von Beschichtungen bei einem Materialtraganteil von 5 %, 50 % und 80 % mit Variation des Spurversatzes von 0,2 und 0,6 mm/U für die vier Grundformen (A) – (D) der Schweißspuren mit (R) Referenzbeschichtung

Ausgehend von der Substratoberfläche kann die relative Höhe der Schnittebene der Wirkfläche aus den Höhendaten ermittelt werden (Abbildung 51, rechts). Da eine Beschichtungsoberfläche in Abhängigkeit ihrer Beschaffenheit und Struktur über Ausreißer mit unterschiedlichem Einfluss auf die Gesamthöhe der Beschichtung verfügen kann und die Angabe der Gesamthöhe damit wenig Aussagekraft beinhalten würde, wurde zur besseren Einordnung der Beschichtungshöhe eine Schnittebene mit einem Traganteil von 5 % für jede Beschichtung neben den technisch relevanten 50 % und 80 % ermittelt.

Die Schnittebene eines definierten Traganteils befindet sich beim Spurversatz von 0,2 mm/U im Unterscheid zu 0,6 mm/U auf einer größeren Höhe, da bei einem größeren Spurversatzverhältnis mehr Material je Flächeneinheit auf dem Substrat aufgetragen wird. Die Referenzbeschichtung verfügt bei einem Spurversatz von 0,2 mm/U und der Schnittebene bei einem Traganteil von 5 % über eine Höhe von 115 µm, bei 50 % von 101µm und bei 80 % von 95 µm, während die Höhe bei einem Spurversatz von 0,6 mm/U bei 5 % auf 42 µm, bei 50 % auf 22 µm und bei 80 % auf 10 µm sinkt. Die Schweißspuren (A) und (C) verfügen über eine im Verhältnis zum Referenzparametersatz ungefähr zweifach größere Gesamthöhe, da bei (A) aufgrund einer halb so großen Umfangsgeschwindigkeit von 25 m/min und bei (C) aufgrund eines zweimal größeren Pulvermassenstroms von 19,2 g/min mehr Material je Flächeneinheit (vgl. Tabelle 5) aufgetragen wird. Die Beschichtungen mit den Schweißspurformen (B) und (D) weisen eine kleinere Beschichtungshöhe auf, da (B) mit einem Pulvermassenstrom von 4,8 g/min und (D) mit 100 m/min Umfangsgeschwindigkeit aufgetragen wurde. Auffallend ist die Beschichtungshöhe für die Schweißspurform (A) beim Spurversatz von 0,6 mm/U, welche bei einem Traganteil von 5 % 168 µm beträgt und erst bei 67 µm 50 % und bei 20 µm 80 % Traganteil erreicht. Aufgrund der hohen sowie schlanken Schweißspurform mit ausgeprägt mittiger Materialansammlung (Abbildung 46) ändert sich der Querschnitt der Schweißspur über ihre Höhe nur wenig. Ausgehend von der Schweißspurspitze wird der Traganteil von 50 % und 80 % dadurch erst bei größerer Höhendifferenz erreicht. Die kleinste Höhendifferenz von 18 µm der Schnittebenen mit dem Traganteil 5 % (60 µm) und 80 % (42 µm) weist die Beschichtung bestehend aus der Schweißspurform (B) für einen Spurversatz von 0,2 mm/U auf.

Ausgehend von der Beschichtungsoberfläche und der Höhendifferenz zur Schnittebene des jeweiligen Traganteils kann somit die theoretisch minimale Zustellung des Werkzeugs für die Nachbearbeitung der Beschichtung und die resultierende Beschichtungsdicke aus Abbildung 51, rechts ermittelt werden. Bei der Herstellung einer Beschichtung mit der Schweißspurform (B) und 0,2 mm/U Spurversatz ist für das Erzielen eines Traganteils von 80 % damit eine minimale Zustellung von 18 µm erforderlich.

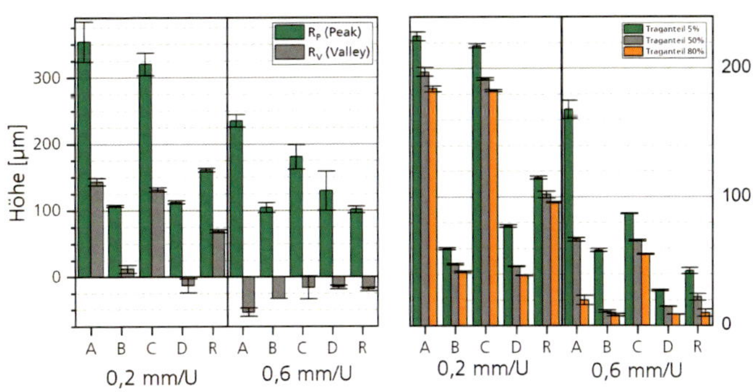

Abbildung 51: Schnittebenenhöhe nach Traganteil (rechts), höchste und niedrigste Punkte auf der Oberfläche (links) für Beschichtungen mit Spurversatz 0,2 und 0,6 mm/U für vier Grundformen (A) – (D) der Schweißspuren mit (R) Referenzbeschichtung

Nullniveau auf Bauteiloberfläche

Bei Betrachtung der absolut höchsten Punkte Rp (Peak) und niedrigsten Punkte Rv (Valley) je Beschichtungsoberfläche (Abbildung 51, links) kann für den

Spurversatz von 0,2 mm/U gegenüber 0,6 mm/U festgestellt werden, dass Rp und Rv größer ausfallen. Bei den geschlossenen Schweißspuren (A), (B), (C), (R) ist Rp bei einem Spurversatz von 0,2 mm/U durch das mehrfache Deponieren von Material nachfolgender Schweißspuren auf die bereits deponierte Schweißspur anteilig größer als bei einem Spurversatz von 0,6 mm/U. Die Beschichtung bestehend aus der Schweißspurform (D) bildet eine Ausnahme, bei welcher Rp bei einem Spurversatz von 0,2 mm/U kleiner als bei 0,6 mm/U ist. Bei einem kleinen Spurversatz von 0,2 mm/U mit einem großen Spurversatzverhältnis wird das schmelzflüssige Material von nachfolgenden Schweißspuren und mehrfachen Überfahrten auf bereits deponierte Schweißspuren in deren Materialfehlstellen abgelegt. Bei der Interaktion mit dem Material der bereits abgelegten Schweißspur können Materialfehlstellen stellenweise geschlossen und bestehende Höhenunterschiede durch neues Schmelzgut und Neuformation reduziert werden. Dies verdeutlicht auch die Wirkfläche bei einem Traganteil von 50 % in Abbildung 50, bei welcher für die Schweißspurform (D) die ausgeprägten Materialfehlstellen zwischen den erkennbaren Schweißspuren bei einem Spurversatz von 0,6 mm/U durch den kleineren Spurversatz von 0,2 mm/U verkleinert und zu größeren Materialinseln verbunden werden.

Rv ist bei jeder Beschichtung mit einem Spurversatz von 0,6 mm/U negativ, wodurch die Beschichtungen an mindestens einer Stelle auf ein Niveau unterhalb der Bauteiloberfläche einbrechen. Deutlich ausgeprägt ist Rv bei der Beschichtung mit der Schweißspurform (A), welche auch in Abbildung 46 über einen furchenartigen Einbrand im Randbereich der Schweißspur verfügt. Bei der Herstellung von Korrosionsschutzbeschichtungen ist das Ziel, den Grundkörper von dem korrosiven Medium zu trennen. Bei dem stellenweisen Einfall der Beschichtungshöhe auf unterhalb der Bauteiloberfläche ist die Korrosionsschutzfunktion durch die fehlende Trennung gefährdet. Dadurch eignen sich die Beschichtungen hergestellt mit dem Spurversatz von 0,6 mm/U mit allen Schweißspurformen sowie dem Spurversatz von 0,2 mm/U mit der Schweißspurform (D) nicht für Korrosionsschutzzwecke und die einlagige Applikation der Beschichtung auf dem Bauteil.

6.2 Substratoberfläche

Die Herstellung von Beschichtungen mittels EHLA erfolgt durch das Deponieren von schmelzflüssigem Zusatzwerkstoff auf der Bauteiloberfläche. Im Vergleich zur topologisch idealebenen Oberfläche (homogen) kann durch eine Oberfläche mit ausgeprägten Strukturen (heterogen) Einfluss auf das Benetzungsverhalten der Schmelze genommen werden. Der Begriff Struktur ist in der Literatur nicht einheitlich definiert und durch eine breite, komplexe Variation an Merkmalen sowie durch die funktionsorientierte Analyse von Oberflächen nicht abgegrenzt. Da eine harmonisierte Definition nicht existiert, werden mit Strukturen im Folgenden die geometrischen Merkmale der Oberfläche wie Anhaftungen, Riefen, Schlagstellen und Fehlstellen beschrieben. Die Struktur der Oberfläche wird durch typische, in der Industrie angewandte Fertigungsverfahren wie das Schleifen, Drehen oder Sandstrahlen unter anderem hinsichtlich ihrer Strukturgröße sowie -verteilung, Isotropie und Anisotropie unterschiedlich bestimmt (vgl. Kap. 2.3). Im Folgenden wird die aus dem Fertigungsverfahren resultierende Substratoberfläche charakterisiert und anschließend beschichtet[6]. Die Beschichtungsoberfläche wird vor dem Beschichten vermessen, um den Einfluss der Oberflächenbeschaffenheit des Substrats auf die Oberflächenbeschaffenheit der Beschichtung zu untersuchen.

Oberflächenbeschaffenheit des Substrats

Für die Untersuchungen wurde die Oberfläche des Substrats (Kap. 4.4) mittels Drehens, Schleifens und Sandstrahlens vor dem Beschichten vorbearbeitet. Der Schwerpunkt der Arbeit liegt auf der prozesstechnologischen Untersuchung des EHLA-Verfahrens, wodurch keine technologische tiefergehende Untersuchung der Variation der Dreh-, Schleif- und Sandstrahlparameter im Einzelnen erfolgt.

Die *gedrehte* Oberfläche bildet mit einem Drehvorschub von f_D = 0,2 mm/U die Referenzoberfläche, welcher im Bereich von 0,1 – 0,6 mm/U variiert wird (vgl. Kap. 5.2). Der Drehprozess wurde mit einer Schnittgeschwindigkeit von 300 m/min, einem Schneideckenradius r_E = 0,4 mm, Einstellwinkel κr = 95° und Zustellung ap = 0,25 mm ausgeführt, um die resultierende Oberfläche zu erhalten. Über die Beziehung (6.4) der Schnittparameter des Drehvorschubs und Schneideckenradius kann die theoretische Rautiefe Rth berechnet werden [11].

6.4
$$R_{th} = \frac{{f_D}^2}{8r_E}$$

Die theoretische Rautiefe Rth stellt die untere Grenze der mittleren Rautiefe Rz dar, welche durch Schwingungen z. B. bei höheren Drehzahlen und Schnittgeschwindigkeiten, bei der Bildung von Aufbauschneiden oder bei Verschleiß der Schneide erhöht wird [69].

Mit Vergrößerung des Drehvorschubs steigen die Werte der Kenngrößen Rth und Rz (Abbildung 52) sowie Ra und Sa (Abbildung 54) der gedrehten Oberflächen an. Die gedrehten Oberflächen verfügen über eine anisotrope Struktur in Form von Drehrillen quer zur rotationssymmetrischen Bauteilachse, die in Abhängigkeit des Drehvorschubs periodisch auftreten.

---

[6] Inhaltliche Teilaspekte dieses Kapitels wurden durch den Verfasser dieser Dissertation bereits vorveröffentlicht [68].

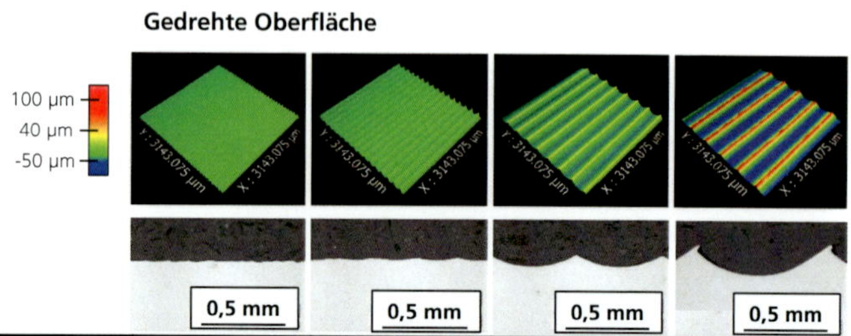

Drehvorschub	0,1 mm/U	0,2 mm/U	0,4 mm/U	0,6 mm/U
Rth [µm]	3,1	12,5	50,0	112,5
Rz [µm]	3,1	12,5	54,9	128,2

Abbildung 52: WIM-Aufnahmen (oben), metallographische Querschliffe (mitte) und Oberflächenkennwerte (unten) von gedrehten Substratoberflächen vor dem Beschichten. R_{th} ist die sich theoretisch ergebende Rautiefe aus dem Drehprozess

Für die Untersuchung des Einflusses des *Sandstrahlens* wurde die Referenzoberfläche nach dem Drehen mit f_D = 0,2 mm/U mittels einer Handstrahlkabine (Strahlparameter Kap. 6.1) der Firma MHG sandgestrahlt (Abbildung 53, rechts). Durch das Sandstrahlen und die Interaktion der Glasperlen mit der gedrehten Substratoberfläche wird eine isotrope Mikrorauheit erzeugt. Aufgrund der Vorbearbeitung mittels Drehens ist die anisotrope Makrorauheit des Drehvorschubs mit 0,2 mm/U dennoch deutlich ausgeprägt. Das nachträgliche Sandstrahlen der gedrehten Oberfläche vergrößert insbesondere den Wert der Kenngröße Rz von Rz = 12 µm (gedreht, 0,2 mm/U) auf Rz = 15 µm (Abbildung 54).

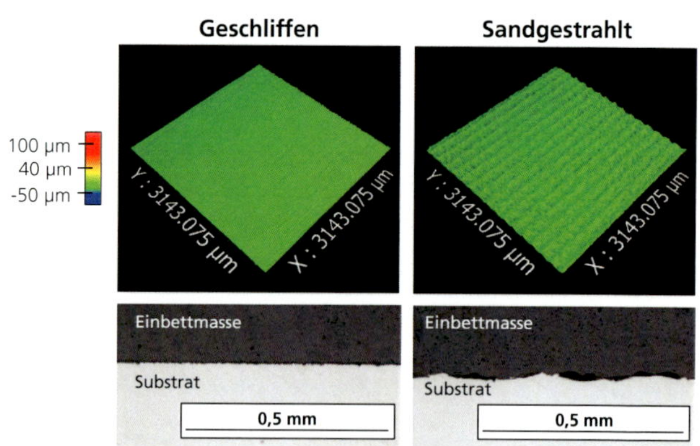

Abbildung 53: WIM-Aufnahmen (oben) und metallographische Querschliffe (unten) von einer geschliffenen (links) und einer gedrehten sowie nachträglich sandgestrahlten (rechts) Substratoberfläche vor dem Beschichten

Die *geschliffene* Oberfläche (Abbildung 53, links) wurde mittels einer Bandschleifbank an der rohen Substratoberfläche erzeugt, bei welcher als Schleifmittel das Schleifband VSM 772 J mit der Körnung P400 eingesetzt wurde. Die Oberfläche verfügt aufgrund der unidirektionalen Schleifmethode über anisotrope Schleifspuren, welche in Umfangsrichtung des Substrats ausgeprägt sind. Die geschliffene Oberfläche weist mit Rz = 3,23 µm zusammen mit der gedrehten Substratoberfläche mit 0,1 mm/U Drehvorschub (Rz = 3,13 µm) die geringsten Rauheitswerte unter den untersuchten Substratoberflächen auf (Abbildung 54).

Die Abbildung 54 zeigt die Werte der Kenngrößen Ra, Sa und Rz für die unterschiedlich gefertigten Substratoberflächen. Je Oberfläche weisen die Werte der Kenngrößen Ra und Sa einen weitestgehend ähnlichen Verlauf auf, wobei Sa immer höhere Werte aufweist als Ra. Die Kenngröße Rz verfügt über höhere Werte der gemessenen Oberflächen. Dabei steigt der Wert der Kenngröße Rz insbesondere für raue Oberflächen überproportional stark im Verhältnis zu Ra und Sa an. Während die Substratoberflächen 0,1 mm/U und 0,6 mm/U über einen Ra (0,1 mm/U) = 0,8 µm sowie Ra (0,6 mm/U) = 29,85 µm verfügen, steigt Rz von (0,1 mm/U) = 3,13 µm auf Rz (0,6 mm/U) = 128,2 µm. Die größte Rauheit weist die gedrehte Oberfläche mit Rz (0,6 mm/U) = 128,2 µm auf.

Abbildung 54: Rauheit Ra, Sa, und Rz von Substratoberflächen nach der Bearbeitung mittels Drehens, Schleifens und Sandstrahlens, unbeschichtet

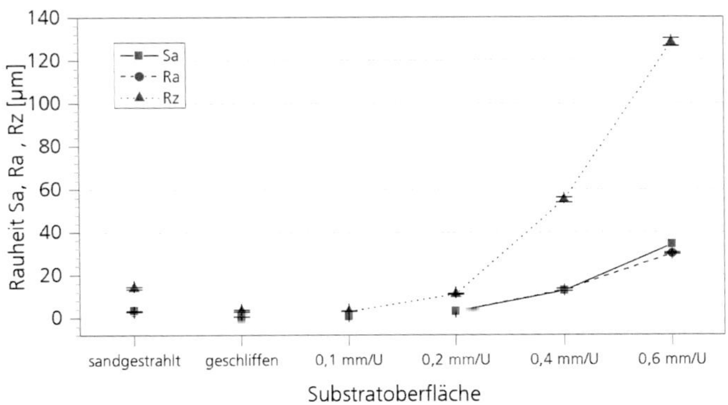

Die unterschiedlich gefertigten Substratoberflächen verfügen je nach zugrundeliegendem Fertigungsverfahren über verschieden ausgeprägte Strukturen und Werte der Kenngrößen Ra, Sa und Rz. Um den Einfluss der unterschiedlich ausgeprägten Substratoberflächen auf die Oberfläche der Beschichtung zu untersuchen, werden die Substratoberflächen nach dem Charakterisieren beschichtet.

Einfluss der Substratoberfläche auf die Beschichtungsoberfläche
Die unterschiedlich gefertigten Substratoberflächen mittels Drehens, Schleifens und Sandstrahlens werden mit dem Referenzparametersatz (Kap. 5.1) beschichtet. Die Beschichtungsoberflächen werden anschließend mittels Weißlichtinterferometer erfasst und Kenngrößen für die Oberfläche ausgewertet (Kap. 5.3). In Abbildung 55 sind die Werte der Kenngrößen Ra und Sa der beschichteten und unbeschichteten Substratoberflächen enthalten. Im Allgemeinen kann wie bereits unter Kap. 5.3 gezeigt, kein wesentlicher Unterschied zwischen den Werten der Kenngrößen Ra und Sa für die Beschichtungsoberflächen festgestellt werden. Die Abweichung der Rauheitswerte der unbeschichteten Substratoberflächen zueinander ist mit einem Minimum von Sa = 0,46 für die geschliffene Oberfläche und einem Maximum von Sa = 34 µm für die gedrehte Oberfläche mit einem Drehvorschub von 0,6 mm/U deutlich größer als die Abweichung der Rauheitswerte der Beschichtungsoberflächen zueinander. Die minimale Rauheit bei der Beschichtungsoberfläche wird auf der gedrehten Substratoberfläche mit einem Drehvorschub von 0,2 mm/U erreicht und beträgt Sa = 7,2 µm (Ra = 6,9 µm), während die maximale Rauheit von Sa = 8,9 µm (Ra = 9 µm) bei der gedrehten Substratoberfläche mit Drehvorschub 0,6 mm/U erreicht wird. Damit werden die Rauheitswerte für die Substratoberflächen sandgestrahlt, geschliffen, gedreht mit Drehvorschub 0,1 und 0,2 mm/U durch die Beschichtung erhöht, während die Rauheitswerte der gedrehten Substratoberflächen mit Drehvorschub 0,4 und 0,6 mm/U auf unter Sa = 9 µm verkleinert werden. Durch das Beschichten von Substraten mit unterschiedlichen Strukturen und Rauheitswerten kann mittels EHLA-Beschichtungen somit ein Angleichen der Oberflächenbeschaffenheit erreicht werden. Damit ist die Rauheit von EHLA-Beschichtungen unempfindlich gegenüber der Ausgangsoberfläche.

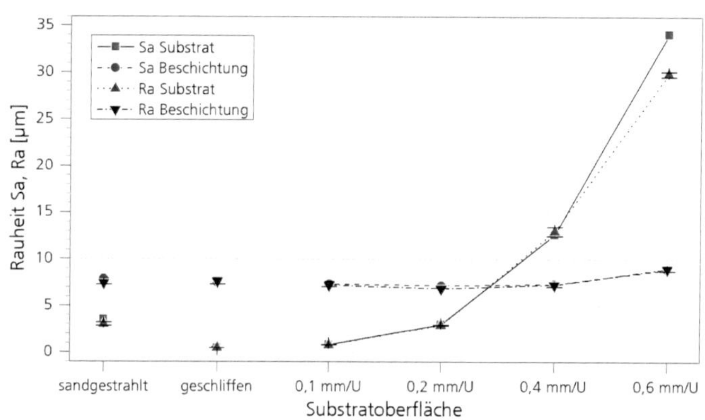

Abbildung 55: Mittenrauwert Ra, Flächenrauheit Sa der beschichteten (Referenzparametersatz, Kap. 5.1) und unbeschichteten Substratoberflächen: sandgestrahlt, geschliffen und gedreht mit Variation des Drehvorschubs 0,1 – 0,6 mm/U

Die mittlere Rautiefe des gedrehten Substrats mit einem Drehvorschub von 0,6 mm/U übersteigt mit einem Wert von Rz = 128,2 µm (Abbildung 52 und Abbildung 54) die Mindestschichtdicke des Referenzparametersatzes von 100 µm. Dennoch kann die Rauheit der Substratoberfläche durch eine Beschichtung um ein Vielfaches reduziert werden. Um ein tieferes Verständnis über den ausgleichenden Effekt der Beschichtung zu erlangen, werden Querschliffe der Proben erstellt, geätzt und Aufnahmen mittels Auflichtmikroskops erzeugt. Durch das Ätzen der Proben mit alkoholischer Salpetersäure - 3 % (Nital) kann der Substratwerkstoff vom Beschichtungswerkstoff visuell unterschieden werden. Die Abbildung 56 zeigt die Aufnahmen der geätzten Querschliffe der beschichteten Substrate: sandgestrahlt, geschliffen, gedreht mit dem Drehvorschub 0,2 mm/U als Referenz und 0,6 mm/U mit maximalem Rauheitswert. Das Profil der Anbindungszone der Beschichtung auf der Substratoberfläche weist für die Substratoberflächen sandgestrahlt, geschliffen, gedreht mit dem Drehvorschub 0,2 mm/U visuell keine wesentlichen Unterschiede auf. Dem gegenüber ist im Profil der Anbindungszone der gedrehten Substratoberfläche mit dem Drehvorschub 0,6 mm/U das periodische Drehprofil aus der Abbildung 52 erkennbar. Dabei beträgt die Schichtdicke im Tal der Drehriefe ca. 142 µm und an der Spitze ca. 67 µm, wodurch auf ein Ausgleichen der in der Substratoberfläche vorliegenden Höhendifferenzen durch das Auffüllen mit Beschichtungsvolumen geschlossen wird.

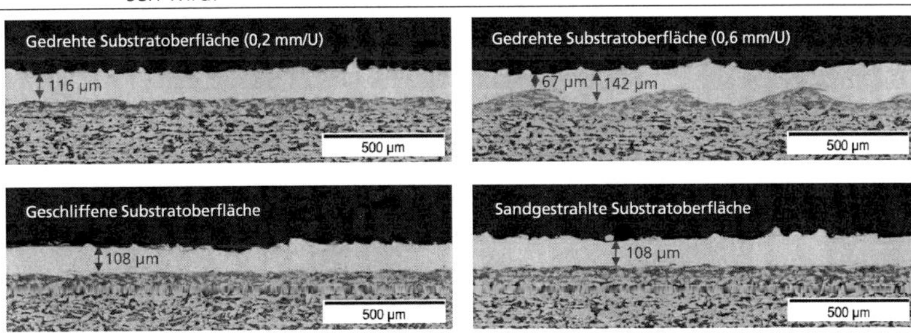

Abbildung 56: Aufnahmen von geätzten Querschliffen der beschichteten (Referenzparametersatz, Kap. 5.1) Substrate: sandgestrahlt, geschliffen, gedreht mit Drehvorschub 0,2 und 0,6 mm/U; Anmerkung: Bei der Reproduzierung der Querschliffe mit großer Rauheit treten vereinzelt Risse in der Beschichtung auf. Dabei weisen Substratoberflächen mit größerer Rauheit häufiger Risse auf als mit kleinerer Rauheit. Aufgrund des thematischen Schwerpunkts dieser Arbeit wird keine grundlegende Analyse der Risse durchgeführt. Die Querschliffe dienen der Analyse des Zusammenhangs zwischen der Substrat- und Beschichtungsoberfläche.

Die Drehriefen sind an den Spitzen abgerundet und die charakteristischen Hinterschneidungen (gedrehte Substratoberfläche 0,6 mm/U) aus Abbildung 52 nicht mehr erkennbar. In Abbildung 57 wird die Aufnahme des Querschliffs der beschichteten gedrehten Substratoberfläche mit dem Drehvorschub von 0,6 mm/U mit der unbeschichteten Aufnahme (strichgepunktet) mit einer Transparenz von 30 % überlagert. Aus der überlagerten Aufnahme wird die Differenz des Drehprofils vor und nach dem Beschichtungsprozess deutlich. Demnach wird die Drehriefenspitze um ca. 63 µm durch den Beschichtungsprozess gekürzt, was die initial vorliegenden Höhendifferenzen in der Substratoberfläche zusätzlich reduziert.

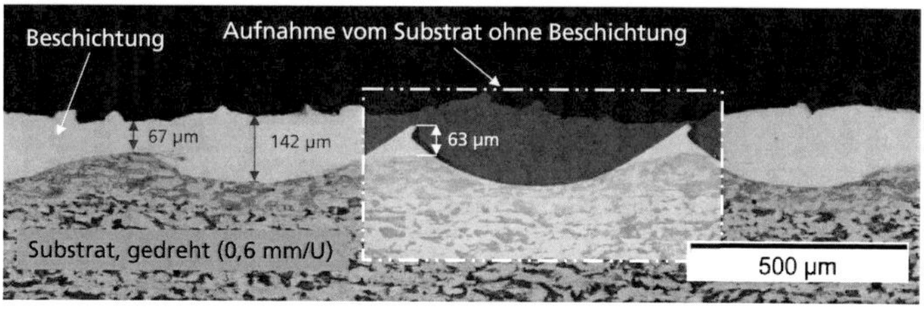

Abbildung 57: Aufnahme des geätzten Querschliffs der beschichteten (Referenzparametersatz, Kap. 5.1) Substratoberfläche mit Drehvorschub 0,6 mm/U mit überlagerter Aufnahme des unbeschichteten Substrats (Transparenz 30 %)

Trotz dieser beiden nivellierenden Effekte im Beschichtungsprozess (Ausgleichen von Höhendifferenzen durch Auffüllen von Tälern und kürzen von Spitzen) wird die Mindestschichtdicke (minimale Höhendifferenz zwischen Substratoberfläche und Beschichtungsoberfläche) von 108 µm (Abbildung 56, Drehvorschub 0,2 mm/U) auf ca. 67 µm reduziert. Um das Substratmaterial der gekürzten Drehriefenspitze im Schmelzgut zu lokalisieren und die chemische Zusammensetzung der Beschichtung im Bereich der Mindestschichtdicke zu bestimmen, werden EDX-Messungen durchgeführt (Abbildung 58). Die chemische Zusammensetzung der Messreihe A an der Drehriefenspitze zeigt einen Mischlegierungsbereich aus Substrat- und Zusatzwerkstoff von ca. 28 µm senkrecht zur Substratoberfläche. Die chemische Zusammensetzung der Messreihe B im Drehriefental zeigt einen Mischlegierungsbereich von ca. 20 µm senkrecht zur Substratoberfläche. Für die Nutzbarkeit der Zieleigenschaften der Beschichtungslegierung an der Bauteiloberfläche verbleibt damit unter Berücksichtigung der Mindestschichtdicke von 67 µm abzüglich der Höhe des Mischbereichs von 28 µm eine Nutzdicke von 39 µm der Beschichtung.

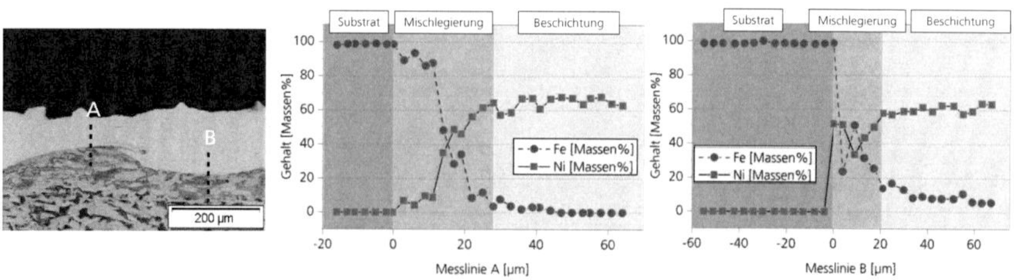

Abbildung 58: EDX-Messung der chemischen Zusammensetzung im Querschliff der beschichteten Substratoberfläche mit Drehvorschub 0,6 mm/U; Messreihe A: Drehriefenspitze; Messreihe B: Drehriefental

Einfluss der Substratoberfläche auf die Wirkfläche und das Materialspitzenvolumen Vm(p)

Für die Darstellung der Wirkfläche eines definierten Traganteils der Oberfläche werden die Höhendaten der mit dem Referenzparametersatz (Kap. 5.1) beschichteten unterschiedlichen Substratoberflächen als Grundlage für die Ermittlung der Schnittebenen, wie in Abbildung 12 dargestellt, verwendet. Die Abbildung 59 enthält die Darstellung der resultierenden Wirkflächen für die Beschichtungen auf den Substratoberflächen sandgestrahlt, geschliffen, gedreht mit Drehvorschub 0,2 und 0,6 mm/U in Abhängigkeit des Traganteils der Oberfläche von 5 %, 50 % und 80 %.

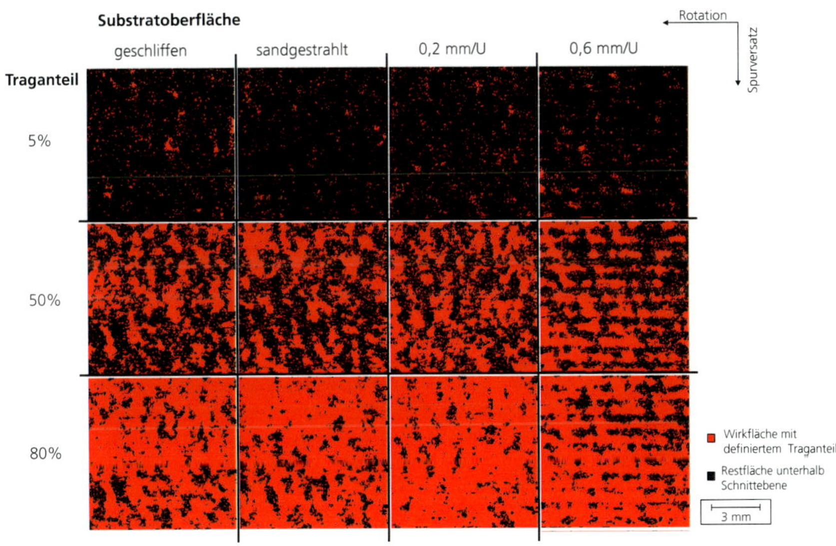

Abbildung 59: Wirkflächen aus Höhenprofil von Beschichtungen (Referenzparametersatz, Kap. 5.1) bei einem Materialtraganteil von 5 %, 50 % und 80 % mit Variation der Substratoberfläche: sandgestrahlt, geschliffen, gedreht mit Drehvorschub von 0,2 und 0,6 mm/U

Die Wirkflächen der Beschichtungen auf den Substratoberflächen sandgestrahlt, geschliffen, gedreht mit Drehvorschub 0,2 mm/U weisen bei einem Traganteil von 5 %, 50 % und 80% geringe Unterschiede zueinander auf. Dem gegenüber weisen die Wirkflächen der Beschichtung auf gedrehter Substratoberfläche mit dem Drehvorschub von 0,6 mm/U bei einem Traganteil von 5 %, 50 % und 80% eine zeilenförmige Ausprägung der Tragfläche in Rotationsrichtung auf. Am deutlichsten ist die zeilenförmige Ausprägung bei einem Traganteil von 50 %

ausgeprägt, die mit weiterer Erhöhung des Traganteils auf 80 % partiell in eine flächenförmige Tragfläche übergeht.

Das Graustufenbild des Höhenprofils der Beschichtung in Abbildung 60 rechts verdeutlicht die zeilenförmige Ausprägung der Tragfläche durch mehrere Helligkeitsstufen im Höhenprofil. Die Zeilen sind periodisch und mit einem Zeilenabstand von ca. 600 µm angeordnet, welcher damit dem durch die gedrehte Substratoberfläche vorgegebenem Drehprofil vor dem Beschichtungsprozess entspricht. Damit ist die Struktur der Substratoberfläche bei einem Drehvorschub von 0,6 mm/U an der Oberfläche der Beschichtung nachweisbar.

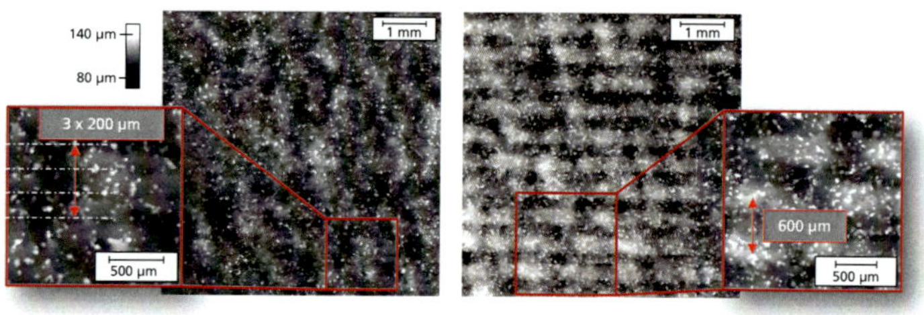

Abbildung 60: Höhenprofil in Graustufen von Beschichtung (Referenzparametersatz, Kap. 5.1) auf geschliffener (links) und gedrehter Substratoberfläche mit Drehvorschub 0,6 mm/U (rechts)

Die Wirkflächen der Beschichtungen auf den Substratoberflächen sandgestrahlt, geschliffen und gedreht mit Drehvorschub 0,2 mm/U weisen erst bei einem Traganteil von 80 % eine erkennbare zeilenförmige Tragfläche auf. Der Zeilenabstand beträgt ca. 200 µm, wie das Graustufenbild in Abbildung 60 zeigt. Die zeilenförmige Tragfläche wird auch trotz der deutlich feineren ausgeprägten Strukturen der geschliffenen Substratoberfläche (vgl. Abbildung 53) ausgebildet und entspricht bei den Substratoberflächen sandgestrahlt, geschliffen und gedreht mit dem Drehvorschub 0,2 mm/U dem Spurversatz von 0,2 mm/U der Schweißspuren. Ein Zeilenabstand von 200 µm kann in den Wirkflächen der Beschichtungen auf den gedrehten Substratoberflächen mit Drehvorschub 0,6 mm/U nicht eindeutig identifiziert werden.

Die Wirkflächen zeigen die Material-Kontaktfläche der Schnittebene in Abhängigkeit des Traganteils. Für die Herstellung der Wirkfläche wird das oberhalb der Schnittebene befindliche Material in der Praxis typischer Weise mittels Fertigungsverfahren für die Nachbearbeitung wie Drehen oder Schleifen abgetragen. Das oberhalb der Schnittebene befindliche Material kann mit dem Materialspitzenvolumen Vm(p) (Abbildung 12) ermittelt werden und ergibt multipliziert mit der Materialdichte des eingesetzten Beschichtungswerkstoffs Inconel 625 von 8,44 g/cm³ die theoretische abzutragende Materialmasse (Abbildung 61, links). Der Unterschied der Materialmasse oberhalb der Schnittebene zwischen den Traganteilen von 50 % und 80 % steht für die unterschiedlichen Proben in einem ähnlichen Verhältnis. Dabei kann mit der geschliffenen Substratoberfläche die kleinste Materialmasse von ca. 68 g/m² oberhalb der Schnittebene für einen Traganteil von 80 % erreicht werden. Die gedrehte Substratoberfläche mit einem

Drehvorschub von 0,6 mm/U weist mit 98 g/m² die größte Materialmasse oberhalb der Schnittebene für einen Traganteil von 80 % auf. Damit kann durch die Wahl einer geschliffenen, anstelle einer gedrehten Substratoberfläche die Materialmasse oberhalb der Schnittebene für einen Traganteil von 80 % um ca. 31 % reduziert werden.

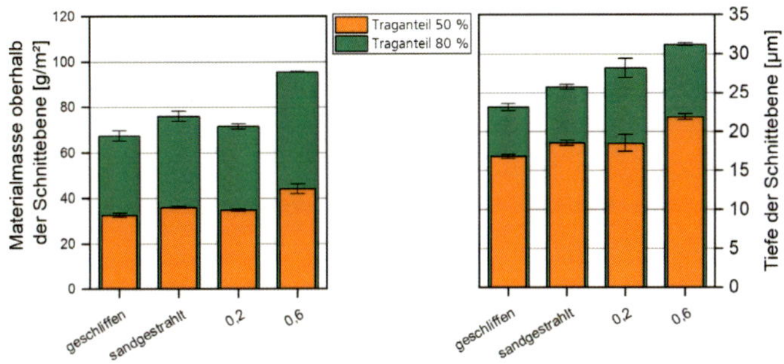

Abbildung 61: Materialmasse (V_{mp} x Dichte) oberhalb der Schnittebene (links) und Tiefe der Schnittebene (rechts) für Beschichtungen (Referenzparametersatz, Kap. 5.1) mit Variation der Substratoberfläche

Rechts: Nullpunkt bezogen auf Beschichtungsoberfläche mit Traganteil 5 %

Die Tiefe der Schnittebene in der Beschichtung für die Herstellung einer Wirkfläche mit definiertem Traganteil kann in der Praxis für die Wahl der Dreh- oder Schleifparameter von Bedeutung sein. Demnach kann die Tiefe der Schnittebene für die Abschätzung der Zustellung des Werkzeugs herangezogen werden. Hierfür wurde die Tiefe der Schnittebene in Abhängigkeit des Traganteils für die Beschichtungen auf unterschiedlichen Substratoberflächen in Abbildung 61 (rechts) ausgewertet. Die Beschichtungsoberflächen verfügen in Abhängigkeit ihrer Beschaffenheit und Struktur über Ausreißer mit unterschiedlichem Einfluss auf die Gesamthöhe der Beschichtung, wodurch die Angabe der Gesamthöhe damit wenig Aussagekraft im Vergleich der Beschichtungen untereinander beinhalten würde. Daher wurde zur besseren Einordnung der Beschichtungshöhe eine Schnittebene mit einem Traganteil von 5 % für jede Beschichtung einheitlich ermittelt und als Nullpunkt gesetzt. Die Tiefe der Schnittebene gibt den Abstand von diesem Nullpunkt zur jeweiligen Schnittebene in Richtung der Bauteilachse an. Demnach wird bei der Beschichtung auf dem geschliffenen Substrat die Wirkfläche mit einem Traganteil von 80 % bereits nach 23 µm erreicht, während der Traganteil auf dem gedrehten Substrat mit einem Drehvorschub von 0,6 mm/U erst in einer Tiefe von 31 µm erreicht wird. Unter Berücksichtigung der Mindestschichtdicke von 67 µm aus der Stichprobe in Abbildung 57 verbleibt nach dem Abtragen der ermittelten Materialmasse von 98 g/m² bis in eine Tiefe von 31 µm eine technische Mindestschichtdicke von 36 µm, die durch den Mischlegierungsbereich weiter reduziert wird. Die Reduzierung der Mindestschichtdicke bei der Vorbearbeitung mit größeren Drehvorschüben sollte daher bei der

Parameterwahl für den Beschichtungsprozess durch eine Vergrößerung der Schichtdicke berücksichtigt werden.

Zusammenfassend konnte der Einfluss der Substratoberfläche auf die Oberflächenbeschaffenheit der Beschichtung anhand von unterschiedlich vorbearbeiteten Substratoberflächen auf Grundlage einer Referenzbeschichtung gezeigt werden. Dabei werden durch die Beschichtung in der Substratoberfläche vorliegenden Höhendifferenzen durch das Füllen von Fehlstellen und das partielle Aufschmelzen von Materialspitzen im Substrat reduziert. Die resultierende Oberflächenbeschaffenheit der Beschichtung wird durch die Wahl der Substratoberfläche hinsichtlich der Kenngrößen Sa und Ra gering und hinsichtlich des Materialspitzenvolumens Vm(p) stärker beeinflusst.

6.3 Partikelkorngröße

Die Bestrahlung des Pulvergasstrahls mittels Laserstrahlung führt zu einer Temperaturerhöhung der Pulverpartikel durch die anteilige Absorption der Laserleistung. Im Allgemeinen hängt die Temperatur des einzelnen Pulverpartikels im Laserstrahl oberhalb der Substratoberfläche von der Bestrahlungsdauer, Laserstrahlintensität und der Partikelgröße ab. Schopphoven konnte auf Grundlage der zeitabhängigen Wärmeleitung durch modelltheoretische Berechnungen zeigen, dass je kleiner die Größe der Pulverpartikel ist, desto kleiner ist die Dauer zum Aufschmelzen und Erreichen der Maximaltemperatur (Abbildung 62) [29].

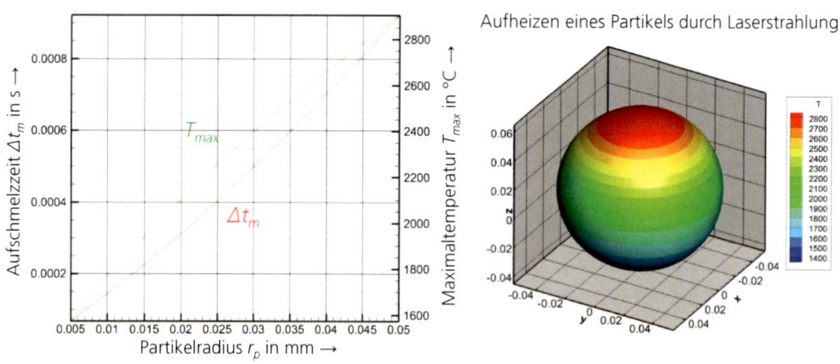

Abbildung 62: Links: Aufschmelzdauer und maximale Partikeltemperatur in Abhängigkeit des Partikelradius [29]

Rechts: Temperaturverteilung eines Pulverpartikels mit exemplarischem Partikelradius rp = 50 µm und Laserleistung 1500 W im Strahlzentrum

Für die Herstellung von defektfreien und schmelzmetallurgisch angebundenen Beschichtungen wird die mittels Laserstrahlung bereitgestellte Prozessenergie der Wechselwirkungszone bestehend aus Pulvergasstrahl und Substrat zugeführt, um einen geeigneten Temperatur-Zeit-Zyklus des Pulver- und Substratwerkstoffs zu erreichen. In Abhängigkeit der Partikel- und Substrattemperatur und des Aggregatzustands im Kontaktzeitpunkt kann eine schmelzmetallurgisch angebundene Beschichtung bei Relativbewegung aus der Wechselwirkungszone heraus ausgebildet werden. Daraus folgend kann durch die Wahl der Partikelkorngröße Einfluss auf das Beschichtungsergebnis genommen werden.

Im Folgenden werden Untersuchungen zum Einfluss der Partikelkorngröße auf die Oberflächenbeschaffenheit von Beschichtungen durchgeführt. Die Untersuchungen erfolgen auf Grundlage des Referenzparametersatzes (Kap. 5.1) und drei Pulverkornfraktionen, die mittels Siebens der Standardkornfraktion 20 – 53 µm erhalten werden. Der Versuchsraum der Siebungen kann dem Kapitel 5.2 entnommen werden. Die mittels Analysesieb mit der Maschenweite 40 µm ausgesiebte Pulverkornfraktion wird im Folgenden G_{SG} (grob) bezeichnet. Die durchgesiebte Kornfraktion wird einer weiteren Siebung mittels Analysesieb mit der Maschenweite 32 µm unterzogen. Die ausgesiebte theoretische Pulverkornfraktion wird G_{SM} (mittel) und die durchgesiebte Pulverkornfraktion wird G_{SF} (fein) bezeichnet. Die REM-Aufnahmen der gesiebten Pulverkornfraktionen G_{SF}, G_{SM} und G_{SG} sind in Abbildung 63 dargestellt.

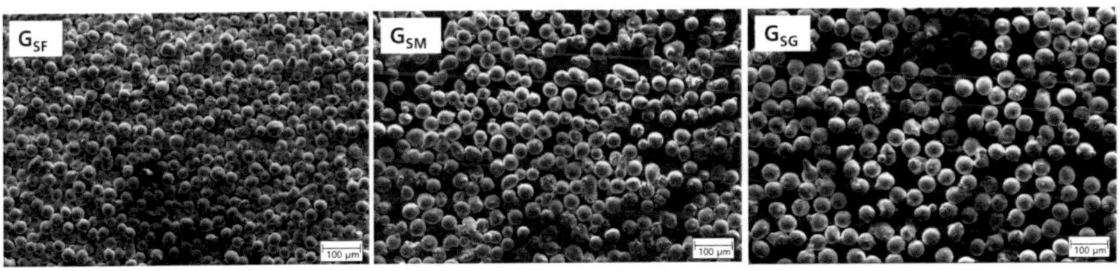

Abbildung 63: REM-Aufnahmen des gesiebten Pulverwerkstoffs 2.4856 (IN625) in drei Pulverkornfraktionen: Grobe Pulverkornfraktion G_{SG} aus Analysesieb mit Maschenweite 40 µm, mittlere Pulverkornfraktion G_{SM} aus Analysesieb mit Maschenweite 32 µm und resultierende feine Pulverkornfraktion G_{SF}.

Die Bestimmung der Korngrößenverteilung erfolgt mittels Dynamischer Digitaler Bildanalyse (ISO 13322-2) mithilfe eines Camsizer X2 der Fa. Retsch Technology an einer Stichprobe mit ca. 7 Mio. Partikeln je gesiebter Pulverkornfraktion. Die gemessenen Partikeldurchmesser werden in Intervalle mit einer Breite von 2 µm geteilt und die erhaltenen Größenklassen nach Volumenanteil (p3: relative Häufigkeit) ausgewertet. Abbildung 64 zeigt die Korngrößenverteilung der Stichprobe der gesiebten Pulverkornfraktionen G_{SF}, G_{SM} und G_{SG}.

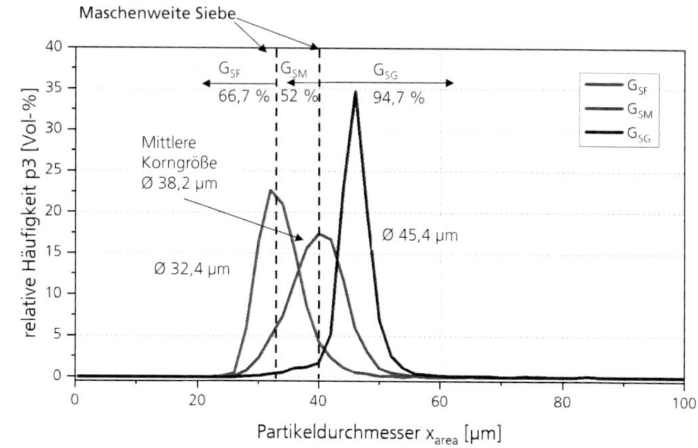

Abbildung 64: Korngrößenverteilung des gesiebten Pulverwerkstoffs 2.4856 (IN625) nach Volumenanteil (p3: relative Häufigkeit)

Grobe Pulverkornfraktion G_{SG} mit Anteil von 94,7 % über 40 µm, mittlere Pulverkornfraktion G_{SM} mit Anteil von 52 % unter 40 µm und feine Pulverkornfraktion G_{SF} mit Anteil von 66,7 % unter 32 µm

Die mittels Camsizer X2 ermittelten Korngrößenverteilungen der Pulverkornfraktionen G_{SF}, G_{SM} und G_{SG} weisen trotz der Maschenweiten 32 und 40 µm der verwendeten Analysesiebe Schnittmengen auf. Bei G_{SF} verfügt ein Volumenanteil von 66,7 % der Pulverpartikel über eine Partikelgröße $x_{area} \leq 32$ µm. Bei G_{SM} verfügt ein Volumenanteil von 52 % der Pulverpartikel über eine Partikelgröße 32 µm < $x_{area} \leq 40$ µm. Bei G_{SG} verfügt ein Volumenanteil von 94,7 % der Pulverpartikel über eine Partikelgröße $x_{area} > 40$ µm. Der Großteil der feinen Pulverkornfraktion verfügt über eine Korngrößenverteilung zwischen G_{SF} = 20 – 50 µm mit einem durchschnittlichen Partikeldurchmesser von 32,4 µm. Die mittlere Pulverkornfraktion verfügt über eine Korngrößenverteilung von G_{SM} = 24 – 52 µm mit einem durchschnittlichen Partikeldurchmesser von 38,2 µm. Die grobe Pulverkornfraktion verfügt über eine Korngrößenverteilung von G_{SG} = 28 – 58 µm mit einem durchschnittlichen Partikeldurchmesser von 45,4 µm.

Bei Betrachtung der Pulverpartikel in Abbildung 63 sind Pulverpartikel sichtbar, die von der sphärischen Form abweichen. Diese Partikel weisen Anhaftungen (sog. Satelliten), einen Zusammenschluss aus mehreren Partikeln ähnlicher Größe zu Agglomeraten oder eine elliptische Form auf. Für diese Partikel werden in der Auswertungssoftware des Camsizer X2 Partikeldurchmesser errechnet, die einem flächengleichen Kreis entsprechen. Im Verhältnis zu einem sphärischen Partikel werden diese Partikel mit einem größeren Partikeldurchmesser in der Auswertung erfasst und nehmen so Einfluss auf die Korngrößenverteilung.

Mit den gesiebten Pulverkornfraktionen G_{SF}, G_{SM} und G_{SG} werden auf Grundlage des Referenzparametersatzes (Kap. 5.1) jeweils Beschichtungen hergestellt und die Beschichtungsoberflächen ausgewertet. Die erzeugten Beschichtungen sind in Abbildung 65 enthalten und weisen mit Verwendung einer gröberen

Pulverkornfraktion visuell gröbere Strukturen und damit eine erhöhte Makrorauheit auf.

Abbildung 65: Aufnahmen von Beschichtungsoberflächen (Referenzparametersatz, Kap. 5.1) hergestellt mit unterschiedlichen Pulverkornfraktionen G_{SF}, G_{SM} und G_{SG}

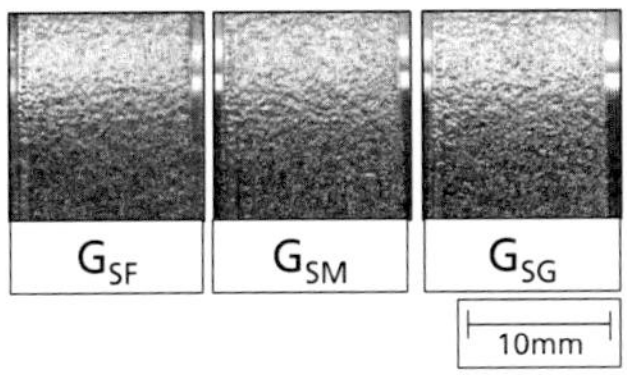

Die Auswertung der Kenngröße Ra (Abbildung 66) zeigt steigende Rauheitswerte mit Vergrößerung der Pulverkornfraktion. Die Beschichtungsoberfläche hergestellt mit G_{SF} weist mit Sa = 4,84 µm (Ra = 5 µm) die kleinste Rauheit auf, während Beschichtungen hergestellt mit G_{SG} mit Sa = 6,35 µm (Ra = 6,2 µm) über die größte Rauheit verfügen.

Abbildung 66: Rauheitswerte Sa, Ra von Beschichtungen (Referenzparametersatz, Kap. 5.1) hergestellt mit unterschiedlichen Pulverkornfraktionen G_{SF}, G_{SM} und G_{SG}

Korngrößenverteilung in Abbildung 64

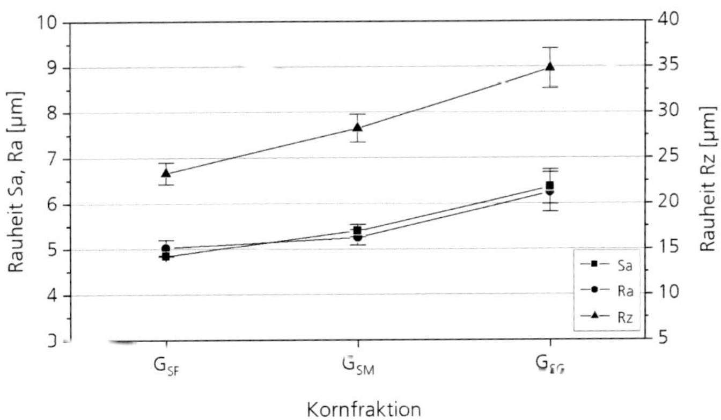

Um einen Zusammenhang zwischen der Partikelkorngröße und der Beschichtungsoberfläche zu untersuchen, wird die Anzahl und das Volumen der Partikelanhaftungen auf der Beschichtungsoberfläche ausgewertet (Abbildung 67). Dafür werden die WIM-Aufnahmen der Beschichtungsoberflächen (1) mittels eines Band-Pass-Filters im Wellenlängenbereich von $\lambda_{F,min} - \lambda_{F,max}$ = 10 - 100 µm skalenbegrenzt (2), um Strukturen kleiner als 10 µm sowie Strukturen größer als 100 µm aus den Höhendaten zu entfernen. Anschließend kann für die gefilterten WIM-Aufnahmen mittels Gwyddion 2.55 (OpenSource Programm) und der Funktion „Mark-by-Threshold" die diskrete Anzahl der Erhebungen in der Beschichtungsoberfläche ausgegeben werden (3). Die Ermittlung des Volumens der

Erhebungen oberhalb der Beschichtungsoberfläche erfolgt auf Grundlage der gefilterten WIM-Aufnahmen und wie in Kap. 2.3 und Abbildung 12 gezeigt.

Abbildung 67: Ermittlung von Partikelanhaftungen auf der Beschichtungsoberfläche
1: WIM-Aufnahme
2: WIM-Aufnahme gefiltert in Bereich $\lambda_{P,min}$ - $\lambda_{P,max}$ = 10 - 100 µm
3: Auswertung von Erhebungen mittels Gwyddion

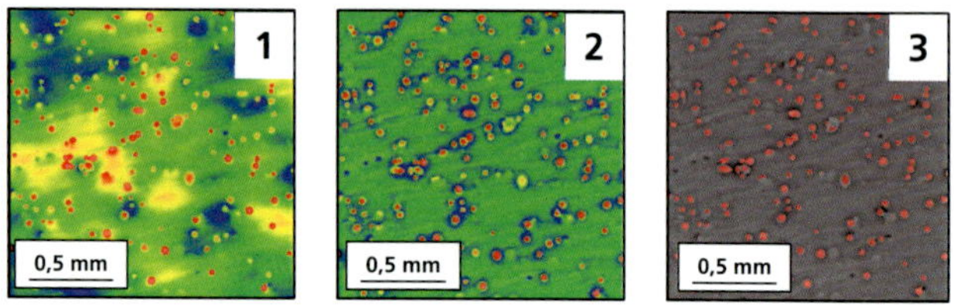

Die Abbildung 68 zeigt die ermittelte Anzahl P_A und das Volumen P_V der Partikelanhaftungen auf den Beschichtungsoberflächen in Abhängigkeit der verwendeten Pulverkornfraktionen G_{SF}, G_{SM} und G_{SG}. Die Anzahl an Partikelanhaftungen auf der Beschichtungsoberfläche steigt mit Verwendung kleinerer Pulverkornfraktion von P_A = 29 Anhaftungen/mm² bei G_{SG} auf P_A = 70 Anhaftungen/mm² bei G_{SF} an.

Abbildung 68: Volumen P_V und Anzahl P_A von Partikelanhaftungen von Beschichtungen (Referenzparametersatz, Kap. 5.1) in Abhängigkeit der Pulverkornfraktion G_{SF}, G_{SM} und G_{SG} aus Höhendaten von Beschichtungen

Korngrößenverteilung in Abbildung 64

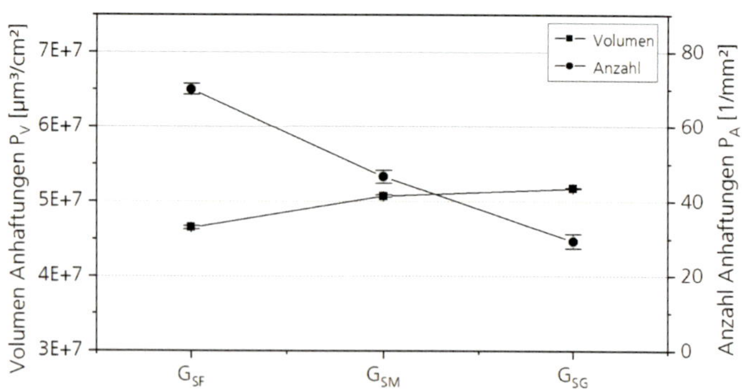

Partikelkornfraktion	d_P [µm]	V_P [µm³]	$P_{V,D}$ [µm³]	$P_{V,D}$ / V_P
G_{SF}	32,4	17809	6650	37,3%
G_{SM}	38,2	29187	10690	36,6%
G_{SG}	45,4	49321	17700	35,9%

d_P = durchschnittliche Partikelkorngröße der gesiebten Pulver
V_P = berechnetes Volumen eines Partikels mit d_P
$P_{V,D}$ = durchschnittliches Volumen einer Partikelanhaftung aus Höhendaten

Damit ist P_A bei Beschichtungen mit der groben Kornfraktion G_{SG} um ca. 59 % kleiner als bei Beschichtungen mit der feinen Kornfraktion G_{SF}. Bei Verwendung eines volumetrischen Pulverförderers und sonst gleichen Bedingungen besteht das Fördervolumen bei Einsatz von G_{SG} aus einer kleineren Anzahl an Pulverpartikeln als bei G_{SF}. Das Verhältnis der geförderten Partikelanzahl G_{SF} zu G_{SG} auf Basis der durchschnittlichen Partikelgröße 32,4 µm und 45,4 µm entspricht näherungsweise der Steigerung der Partikelanhaftungen von G_{SG} zu G_{SF}.

Während die Anzahl an Partikelanhaftungen P_A von G_{SF} zu G_{SG} sinkt, steigt das Volumen der gesamten Partikelanhaftungen P_V für G_{SG} mit $P_V = 0{,}52$ µm³/µm² im Verhältnis zu G_{SF} mit $P_V = 0{,}47$ µm³/µm² um ca. 11 %. Bei Berücksichtigung des durchschnittlichen Volumens der Partikelanhaftungen $P_{V,D}$ aus dem gesamten Partikelvolumen P_V und der Anzahl der Partikelanhaftungen P_A nach Formel 6.5 ist erkennbar, dass das durchschnittliche Volumen der Partikelanhaftungen $P_{V,D}$ mit Vergrößerung der Partikelkorngröße steigt (Abbildung 68).

6.5 $$P_{V,D} = \frac{P_V}{P_A}$$

Im Vergleich zum Volumen des einzelnen Partikels vor dem Prozess V_P beträgt das Verhältnis zum durchschnittlichen Volumen der Partikelanhaftungen $P_{V,D}$ für die Partikelkornfraktion G_{SF} 37,3 % und für G_{SG} 35,9 % (Abbildung 68, rechts). Damit stehen die Partikelanhaftungen im Verhältnis zum Partikeldurchmesser vor dem Prozess V_P mit über einem Drittel ihres ursprünglichen Volumens über der Beschichtungsoberfläche.

Für die Herstellung der Wirkfläche wird das oberhalb der Schnittebene befindliche Material in der Praxis typischer Weise mittels Drehens oder Schleifens abgetragen. Um abzuschätzen, welchen Anteil die Partikelanhaftungen an dem abzutragenden Materialspitzenvolumen einnehmen, wird das Materialspitzenvolumen für einen Traganteil von 50 % betrachtet und dem Volumen der gesamten Partikelanhaftungen P_V für die Partikelkornfraktionen G_{SF}, G_{SM} und G_{SG} gegenübergestellt (Abbildung 69).

Abbildung 69: Materialspitzenvolumen für 50 % Traganteil und Volumen P_V von Partikelanhaftungen der Beschichtungen (Referenzparametersatz, Kap. 5.1) in Abhängigkeit der Pulverkornfraktion G_{SF}, G_{SM} und G_{SG}

Korngrößenverteilung in Abbildung 64

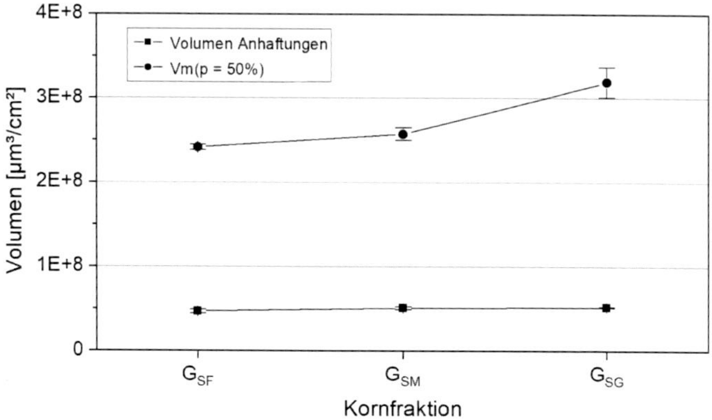

Demnach befindet sich für einen Traganteil von 50 % ein Materialspitzenvolumen von 2,4 x 10^8 µm³/cm² für G_{SF} und von 3,0 x 10^8 µm³/cm² für G_{SG} oberhalb der Schnittebene. Das Volumen der gesamten Partikelanhaftungen P_V für G_{SG} mit P_V = 0,52 x 10^8 µm³/cm² besitzt einen Anteil von 20 % und für G_{SF} mit P_V = 0,47 x 10^8 µm³/cm² einen Anteil von 17,1 % an dem abzutragenden Materialspitzenvolumen.

Daraus folgend steigt das Materialspitzenvolumen mit Verwendung einer größeren Pulverkornfraktion um 25 % und damit stärker als das Volumen der Partikelanhaftungen mit 10,6 %. Demnach werden bei der Verwendung größerer Pulverkornfraktionen neben der Strukturgröße der Partikelanhaftungen im Wellenlängenbereich der Pulverpartikel $\lambda_{P,min}$ - $\lambda_{P,max}$ = 10 - 100 µm auch größere Strukturen an der Oberfläche erzeugt, die außerhalb des Wellenlängenbereichs $\lambda_{P,min}$ - $\lambda_{P,max}$ = 10 - 100 µm liegen und das Materialspitzenvolumen zusätzlich erhöhen. Die Auswertung des Rauheitsspektrums in Abbildung 70 zeigt bei Verwendung einer gröberen Pulverkornfraktion einen erhöhten Rauheitsanteil im Wellenlängenbereich von ca.160 - 1280 µm. Demnach ist bei der Verwendung der größeren Pulverkornfraktion der Einfluss von Strukturgrößen innerhalb dieses Wellenlängenbereichs größer als von Strukturgrößen innerhalb des gefilterten Skalenbereichs der Pulverpartikel $\lambda_{P,min}$ - $\lambda_{P,max}$ = 10 - 100 µm.

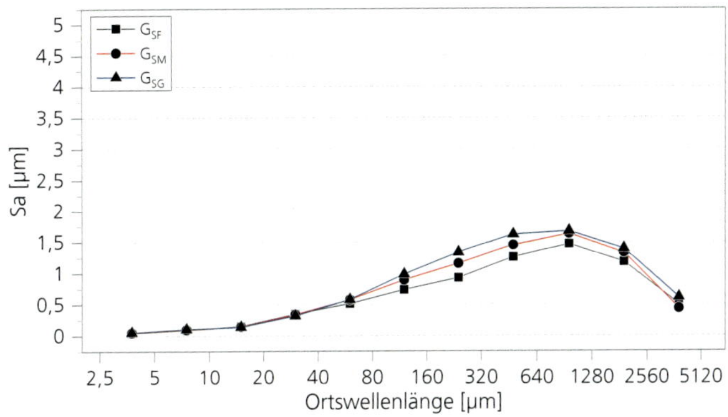

Abbildung 70: Rauheitsspektrum von Beschichtungen (Referenzparametersatz, Kap. 5.1) in Abhängigkeit der Pulverkornfraktion G_{SF}, G_{SM} und G_{SG}

Korngrößenverteilung in Abbildung 64

Zusammenfassend ist für die Herstellung von Beschichtungen mit kleiner Flächenrauheit Sa und einem geringen abzutragenden Materialspitzenvolumen der Einsatz von kleineren Pulverkornfraktionen für den Beschichtungsprozess vorteilhaft.

6.4 Relativposition von Laserstrahl, Pulvergasstrahl und Substrat

Für die Herstellung von defektfreien und schmelzmetallurgisch angebundenen Beschichtungen wird die mittels Laserstrahlung bereitgestellte Prozesswärme der Wechselwirkungszone bestehend aus Pulvergasstrahl und Substrat zugeführt (Abbildung 71, links), um einen geeigneten Temperatur-Zeit-Zyklus des Pulver- und Substratwerkstoffs zu erreichen. Durch den schmelzflüssigen Aggregatzustand von Pulver- und Substratwerkstoff im Kontaktzeitpunkt wird eine schmelzmetallurgisch angebundene Beschichtung bei Relativbewegung aus der Wechselwirkungszone heraus ausgebildet. Dabei kann insbesondere durch die Anpassung der Relativposition von Laserstrahl, Pulvergasstrahl und Substrat zueinander Einfluss auf die räumliche Ausprägung der Wechselwirkungszone und damit auf das Beschichtungsergebnis genommen werden[7].

[7] Inhaltliche Teilaspekte dieses Kapitels wurden durch den Verfasser dieser Dissertation bereits vorveröffentlicht [58].

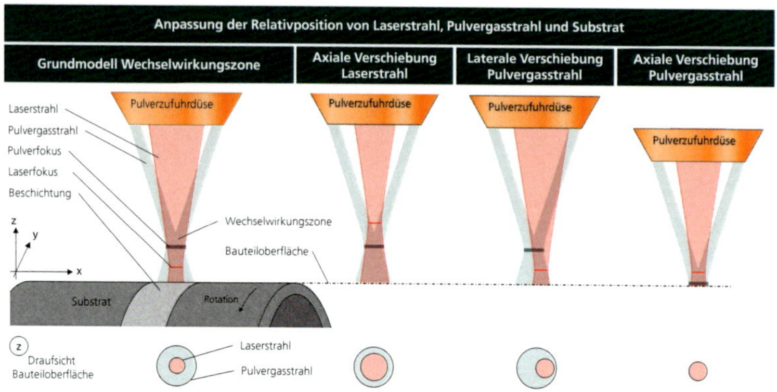

Abbildung 71: Prinzipskizze der Wechselwirkungszone beim EHLA bestehend aus Laserstrahl, Pulvergasstrahl und Substrat mit räumlicher Änderung der Wechselwirkungszone bei Verschiebung von Laserstrahl und Pulvergasstrahl

Die Wechselwirkungszone wird dabei aufgrund der kegelförmigen Gestalt von Laserstrahl und Pulvergasstrahl sowohl hinsichtlich des durch den Laserstrahl beleuchteten Volumens des Pulvergasstrahls (Kollisionsvolumen bestehend aus Laserstrahl und Pulvergasstrahl) als auch hinsichtlich des Durchmessers des Laserstrahls sowie Pulvergasstrahls auf der Substratoberfläche verändert. Bei der lateralen Verschiebung des Pulvergasstrahls kann zudem die Relativposition des Laser- und Pulverspots zueinander auf der Bauteiloberfläche verändert werden. Durch die Anpassung der Relativposition von Laserstrahl, Pulvergasstrahl und Substrat kann unter anderem Einfluss auf die Bestrahlungsdauer, -intensität, -position und damit auf den Temperatur-Zeit-Zyklus eines Pulverpartikels in der Wechselwirkungszone genommen werden. Da der Laserstrahl und Pulvergasstrahl über eine ortsabhängige Intensitäts- bzw. Partikeldichteverteilung (Kap. 4) verfügen, ist die Ermittlung der Temperatur der Pulverpartikel und der Substratoberfläche bei Anpassung der Wechselwirkungszone durch einfache Berechnungen z. B. auf Grundlage der Bestrahlungsdauer unzureichend. Insbesondere Schopphoven stellt hierfür ein theoretisches Modell für den EHLA-Prozess vor, mit dem auf Grundlage der Leistungsdichteverteilung des Laserstrahls und der Partikeldichteverteilung des Pulvergasstrahls anhand einer Simulation die resultierende Temperatur der Pulverpartikel und Substratoberfläche ortsabhängig näherungsweise berechnet werden kann [29].

Im Folgenden werden Untersuchungen auf experimenteller Basis zum Einfluss der Relativposition von Laserstrahl, Pulvergasstrahl und Substrat auf die Oberflächenbeschaffenheit von Beschichtungen durchgeführt. Die Untersuchungen der Relativposition erfolgen einfaktoriell, um die Wirkung der jeweiligen Veränderung eindeutig zuordnen zu können. Der Versuchsraum der Veränderungen kann Kapitel 5.2 entnommen werden.

Einfluss der axialen Verschiebung des Laserstrahls L_z auf die Oberflächenbeschaffenheit

Die Grundlage für die Untersuchung bildet der Referenzparametersatz (Kap. 5.1) mit einer koaxialen Relativposition des Laserstrahls zum Pulvergasstrahl und einer Laserfokuslage von L_z = 0 mm auf der Bauteiloberfläche. Die Laserfokuslage wird entlang der z-Achse von L_z = - 17,5 mm bis L_z = 15 mm mittels programmierbarer motorischer Fokussiereinheit (PMF) (Kap. 4.1) variiert. Die Verschiebung der Laserfokuslage hat eine Änderung der Wechselwirkungszone zwischen dem Laserstrahl und Pulvergasstrahl oberhalb der Substratoberfläche zur Folge sowie eine Veränderung des Durchmessers des Laserstrahls auf der Substratoberfläche von 1,15 bis 2,0 mm. Der Durchmesser des Pulvergasstrahls auf der Substratoberfläche wird mit 1,43 mm konstant gehalten. Die erzeugten Beschichtungen sind in Abbildung 72 enthalten und weisen außerhalb des Versatzbereichs von L_z = - 15 mm bis L_z = 12,5 mm durch visuell erkennbare grobe Strukturen eine erhöhte Makrorauheit auf.

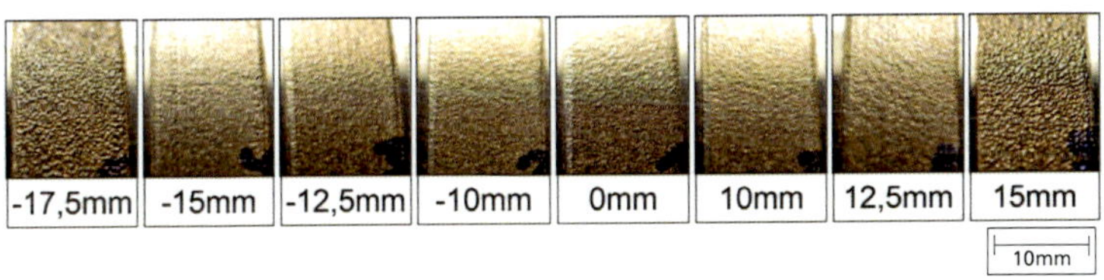

Abbildung 72: Aufnahmen von Beschichtungsoberflächen (Referenzparametersatz, Kap. 5.1) bei axialer Verschiebung des Laserstrahls von L_z = -17,5 bis L_z = 15 mm

Innerhalb der Verschiebung der Laserfokuslage von L_z = - 12,5 mm bis L_z = 10 mm zeigt die Auswertung der Kenngrößen Sa und Ra für die erzeugten Beschichtungen (Abbildung 73) Rauheitswerte bis ca. Sa = 6,4 µm (Referenzbeschichtung (L_z = 0 mm) Sa = 6,1 µm). Eine weitere Verschiebung der Laserfokuslage auf L_z = - 15 mm und L_z = 12,5 mm führt zu einem moderaten Anstieg der Rauheit auf Sa = 6,8 µm, bevor die Rauheit mit der Verschiebung auf L_z = - 17,5 mm und L_z = 15 mm auf Sa = 20 µm und Sa = 21,5 µm stark ansteigt.

Abbildung 73: Rauheitswerte Sa, Ra von Beschichtungen (Referenzparametersatz, Kap. 5.1) bei axialer Verschiebung des Laserstrahls von L_Z = -17,5 bis L_Z = 15 mm

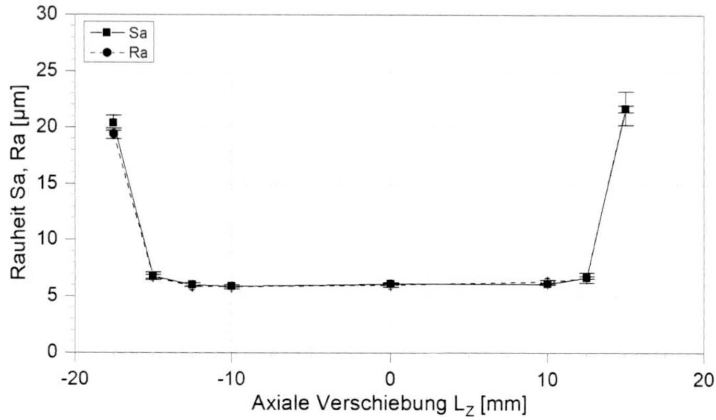

Die Zerlegung der Rauheitskennzahl Sa mittels spektraler Rauheitsanalyse, bei welcher die Rauheit in Abhängigkeit der Wellenlänge dargestellt wird (Abbildung 74), bestätigt die visuell wahrnehmbare erhöhte Makrorauheit in Abbildung 72. Demnach weisen die Beschichtungen bei der Verschiebung der Laserfokuslage auf L_Z = - 17,5 mm und L_Z = 15 mm einen großen langwelligen (> 200 µm) Rauheitsanteil auf, während die spektrale Flächenrauheit der übrigen Beschichtungen auf einem niedrigen Niveau bleibt.

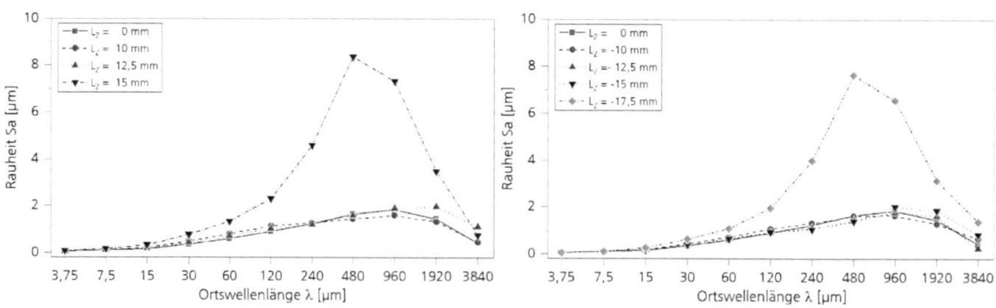

Abbildung 74: Rauheitsspektren von Beschichtungen (Referenzparametersatz, Kap. 5.1) bei axialer Verschiebung des Laserstrahls L_Z = -17,5 bis L_Z = 15 mm

Um die Beschichtung hinsichtlich der Entstehung ihrer Oberflächenbeschaffenheit zu untersuchen, werden Hochgeschwindigkeitsaufnahmen von einzelnen Schweißspuren im Beschichtungsprozess aufgenommen. Die Abbildung 75 zeigt die Hochgeschwindigkeitsaufnahmen von einzelnen Schweißspuren mit axialer

Verschiebung des Laserstrahls von L_Z = -17,5 bis 15 mm, die im Beschichtungsprozess erzeugt wurden. Die mit dem Referenzparametersatz (Kap. 5.1) hergestellte Schweißspur weist eine Laserfokuslage auf der Bauteiloberfläche (L_Z = 0 mm), einen Laserspotdurchmesser von 1,15 mm (Kap.4.3) und einen Durchmesser des Pulvergasstrahls von 1,43 mm (Kap. 4.2) auf der Bauteiloberfläche auf. Ein Teil der sich im Laserstrahl befindlichen Substratoberfläche (in Prozessrichtung, entgegengesetzt zur Rotationsrichtung) weist kein Schmelzbad auf, während sich das Schmelzbad zunehmend durch die Wechselwirkung aus erwärmten Pulverpartikeln und transmittierter Laserstrahlung auf der Substratoberfläche in Rotationsrichtung formiert. Nach Ausbildung eines Schmelzbads weist die Schweißspur beidseitig charakteristische Materialaufwerfungen zum Randbereich hin auf, die bereits in Kap. 6.1 festgestellt wurden. Die Schweißspur ist durch ein geschlossenes Schmelzbad mit beidseitig scharfen Randbereichen geprägt.

Abbildung 75: Hochgeschwindigkeitsaufnahmen von Schweißspuren im Beschichtungsprozess (Referenzparametersatz, Kap. 5.1) mit axialer Verschiebung des Laserstrahls von L_Z = -17,5 bis L_Z = 15 mm

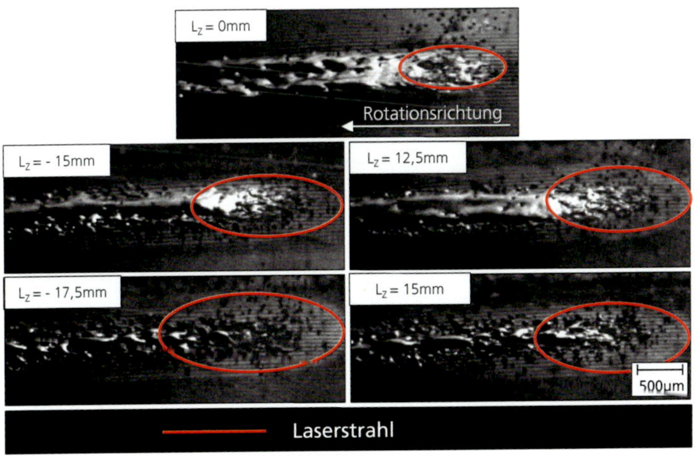

Nach der Verschiebung der Laserfokuslage auf L_Z = -15 mm hat der Laserstrahl einen Durchmesser von ca. 1,8 mm auf der Bauteiloberfläche. Neben der Veränderung der Wechselwirkungszone des Pulvergasstrahls und Laserstrahls oberhalb der Bauteiloberfläche, nimmt die Leistungsdichte des Laserstahls auf der Bauteiloberfläche bei einer konstanten Laserleistung von 1800 Watt und Vergrößerung des Laserstrahldurchmessers auf der Bauteiloberfläche von 1,15 auf 1,8 mm ab. Ein deutlich größerer Teil der durch den Laserstrahl beleuchteten Bauteiloberfläche verfügt im Vergleich zur Schweißspur mit L_Z = 0 mm über keine ausgebildete Schmelze. Das sich in Rotationsrichtung formierende Schmelzbad ist kleiner ausgeprägt und weist durch Partikelanhaftungen im Randbereich keinen scharfen

Rand auf. Nach der Verschiebung der Laserfokuslage auf L_Z = -17,5 mm hat der Laserstrahl einen Durchmesser von ca. 2 mm auf der Bauteiloberfläche. Die Schweißspur weist nur noch lokale flüssige Bereiche in der Schweißspurmitte auf, die kein zusammenhängendes Schmelzbad und damit keine geschlossene Schweißspur ausbilden. Beim spiralförmigen Aufbau von Beschichtungen kann durch die lokalen flüssigen Bereiche keine geschlossene Beschichtungsoberfläche ausgebildet werden, sodass sich durch die resultierenden Höhendifferenzen der Oberfläche eine Makrorauheit einstellt. Die Erkenntnisse sind analog auf die Hochgeschwindigkeitsaufnahmen bei Verschiebung der Laserfokuslage auf L_Z = 12,5 mm und L_Z = 15 mm übertragbar.

Innerhalb des betrachteten Prozessfensters kann mit einer Schweißspur, die über ein geschlossenes Schmelzbad mit scharfem Randbereich verfügt (L_Z = 0 mm), eine Beschichtung mit kleiner Rauheit (Abbildung 73) erzeugt werden. Beschichtungen bestehend aus Schweißspuren, die durch Pulverpartikelanhaftungen im Randbereich des Schmelzbads (L_Z = -15 und L_Z = 12,5) über zusätzliche Höhendifferenzen verfügen, weisen einen moderaten Anstieg der Rauheit (Abbildung 73) auf. Beschichtungen bestehend aus Schweißspuren, die neben Pulverpartikelanhaftungen im Randbereich durch lokale flüssige Bereiche (L_Z = -17,5 und L_Z = 15) durch größere Höhendifferenzen gekennzeichnet sind, verfügen über die größte Rauheit (Abbildung 73). Die lokalen flüssigen Bereiche erzeugen visuell wahrnehmbare makroskopische Strukturen in der Beschichtungsoberfläche (Abbildung 72), die einen wesentlichen Einfluss auf den (Abbildung 74) langwelligen (> 200 µm) Rauheitsanteil nehmen.

Für die Herstellung von Beschichtungen mit kleiner Flächenrauheit Sa eignen sich damit Schweißspuren, die aus einem geschlossenen Schmelzbad und wenigen Partikelanhaftungen im Randbereich ausgebildet sind. Beschichtungen und Schweißspuren mit diesen Eigenschaften konnten näherungsweise innerhalb der Rayleigh-Länge von 12,5 mm des verwendeten Laserstrahls (Tabelle 2) hergestellt werden. Innerhalb dieses axialen Laserfokusabstands können Beschichtungen mit robuster Oberflächenbeschaffenheit mittels EHLA hergestellt werden.

Einfluss der axialen Verschiebung des Pulvergasstrahls D_B auf die Oberflächenbeschaffenheit

Die Grundlage für die Untersuchung bildet der Referenzparametersatz (Kap. 5.1) mit einer koaxialen Relativposition des Laserstrahls zum Pulvergasstrahl und einem Arbeitsabstand von D_B = 10 mm (Abstand zwischen Düsenspitze und Bauteiloberfläche). Der Arbeitsabstand wird entlang der z-Achse von D_B = 9 mm bis D_B = 14 mm mittels Verfahrens des Bearbeitungskopfes variiert (Kap. 5.2). Während der Variation des Arbeitsabstands wird die Laserfokuslage auf der Bauteiloberfläche (L_Z = 0 mm) gehalten, wodurch der Laserstrahl einen konstanten Durchmesser von 1,15 mm auf der Substratoberfläche aufweist. Die erzeugten Beschichtungen sind in Abbildung 76 zu sehen und weisen oberhalb eines

Arbeitsabstandes von D_B = 11 mm eine visuell wahrnehmbare Vergrößerung der Mikrorauheit und eine Reduzierung des Glanzgrades auf.

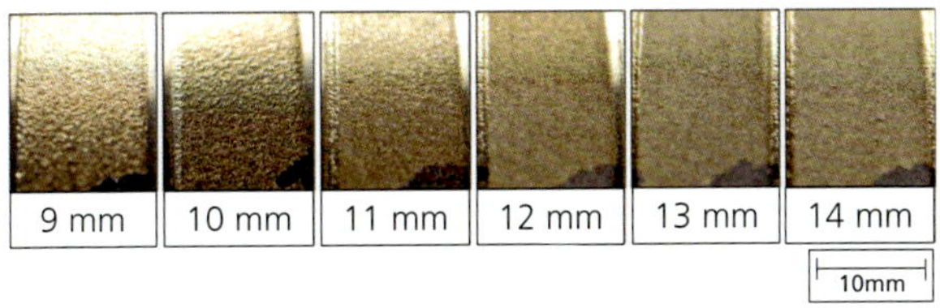

Abbildung 76: Aufnahmen von Beschichtungsoberflächen (Referenzparametersatz, Kap. 5.1) bei axialer Verschiebung des Pulvergasstrahls (Arbeitsabstand) von D_B = 9 – 14 mm

Die Auswertung der Kenngrößen Sa und Ra zeigt für die erzeugten Beschichtungen (Abbildung 77) einen Rauheitswert von Sa = 6,1 µm für einen Arbeitsabstand von D_B = 10 mm. Bei Verkleinerung des Arbeitsabstandes auf D_B = 9 mm steigt die Rauheit moderat an, während die Verschiebung bis D_B = 13 mm zu einem überproportionalen Anstieg der Rauheit auf über Sa = 13,3 µm führt und bei weiterer Vergrößerung auf D_B = 14 die Rauheit auf über Sa = 16,3 µm ansteigt.

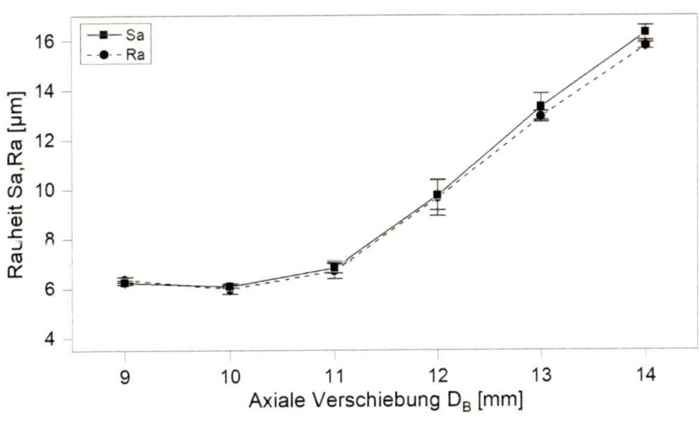

Abbildung 77: Rauheitswerte Sa, Ra von Beschichtungen (Referenzparametersatz, Kap. 5.1) bei axialer Verschiebung des Pulvergasstrahls mit dem Arbeitsabstand D_B = 9 - 14 mm

Die Zerlegung der Rauheitskennzahl Sa mittels spektraler Rauheitsanalyse, bei welcher die Rauheit in Abhängigkeit der Wellenlänge dargestellt wird (Abbildung 78), bestätigt die visuell wahrnehmbare erhöhte Mikrorauheit in Abbildung 76. Demnach weisen die Beschichtungen mit Vergrößerung des Arbeitsabstandes auf D_B = 14 mm einen steigenden kurzwelligen (< 200 µm) Rauheitsanteil auf. Für einen Arbeitsabstand von D_B = 13 und 14 mm kann zudem ein Anstieg des langwelligen Rauheitsanteils festgestellt werden, der visuell durch eine zunehmende Agglomeration von Partikeln an der Beschichtungsoberfläche erkennbar ist (vgl. Kap. 5.2, Abbildung 33).

Abbildung 78: Rauheitsspektren von Beschichtungen (Referenzparametersatz, Kap. 5.1) bei axialer Verschiebung des Pulvergasstrahls mit Arbeitsabstand D_B = 9 - 14 mm

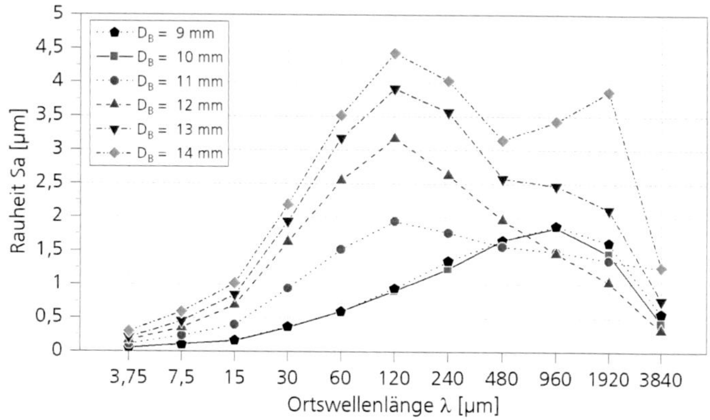

Um die Beschichtung hinsichtlich der Entstehung ihrer Oberflächenbeschaffenheit zu untersuchen, werden Hochgeschwindigkeitsaufnahmen von einzelnen Schweißspuren im Beschichtungsprozess hergestellt. Die Abbildung 79 zeigt die Hochgeschwindigkeitsaufnahmen der Schweißspuren mit axialer Verschiebung des Pulvergasstrahls im Arbeitsabstand von D_B = 10 und 14 mm, die im Beschichtungsprozess erzeugt wurden. Die mit dem Referenzparametersatz (Kap. 5.1) hergestellte Schweißspur weist eine Laserfokuslage auf der Bauteiloberfläche (L_Z = 0 mm) mit einem Laserspotdurchmesser von 1,15 mm (Kap.4.3) auf. Der Durchmesser des Pulvergasstrahls beträgt 1,43 mm (Kap. 4.2) auf der Bauteiloberfläche auf. Mit einer Breite der erzeugten Schweißspur von 1075 µm (Kap. 6.1, Abbildung 41) wird der Großteil der Pulverpartikel in das Schmelzbad gefördert und kann zum Schichtaufbau beitragen. Bei einer Steigerung des Arbeitsabstands auf D_B = 14 mm wird der Durchmesser des Pulvergasstrahls auf der Bauteiloberfläche auf 3,88 mm (Kap. 4.2) vergrößert, wodurch der Ausbreitungsradius der Pulverpartikel das Schmelzbad und den Laserstrahlrahradius auf der Bauteiloberfläche deutlich übersteigt. Der außerhalb des Schmelzbades deponierte Pulverpartikelanteil ist im Neben- und Nachlauf der Prozesszone als Pulverpartikelanhaftungen erkennbar und trägt nicht zur Schichtausbildung bei. Die Pulverpartikelanhaftungen im Vorlauf der Prozesszone werden in Abhängigkeit der Schmelzbadgröße anteilig vom nachfolgenden Schmelzbad aufgenommen.

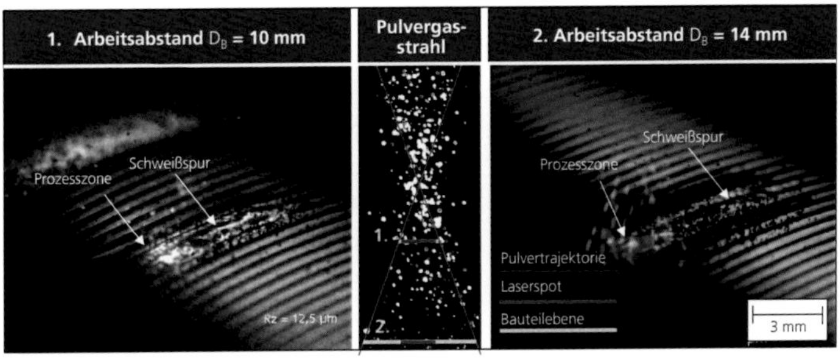

Abbildung 79: Hochgeschwindigkeitsaufnahmen von Schweißspuren im Beschichtungsprozess (Referenzparametersatz, Kap. 5.1) mit axialer Verschiebung des Pulvergasstrahls mit Arbeitsabstand

D_B = 10 mm (links)
D_B = 14 mm (rechts)

Bei der Herstellung von Beschichtungen können Pulverpartikelanhaftungen im Randbereich der Schweißspur (erzeugt im Nebenlauf der Prozesszone) und auf der Schweißspur (erzeugt im Nachlauf der Prozesszone) durch den anteiligen Spurüberlapp der nachfolgenden Schweißspur vom Schmelzbad aufgenommen werden und zur Beschichtungsausbildung beitragen. Übersteigt der Ausbreitungsradius der Partikelanhaftungen im Nebenlauf den Spurversatz der Schweißspuren zueinander (f_E = 0,2 mm für Referenzparameter), kann die Dichte der Partikelanhaftungen über mehrere Schweißspuren hinweg durch nachfolgende Schweißspuren an der Oberfläche erhöht werden. Die Abbildung 80 zeigt die zeilenweise Auswertung der Anzahl von Pulverpartikelanhaftungen an Proben mit Schweißspuren im Arbeitsabstand von D_B = 10 und 14 mm.

Die Oberfläche der Probe des Referenzparameters mit Arbeitsabstand von D_B = 10 mm weist auf der Schweißspur vereinzelt Partikelanhaftungen auf, die im Randbereich der Schweißspur stellenweise auf über 10 Partikelanhaftungen pro 0,05 x 2 mm² zunehmen. Der Großteil der Partikelanhaftungen befindet sich im Ausbreitungsradius des Pulvergasstrahls von r = 0,715 mm auf der Bauteiloberfläche. Die Oberfläche der Probe mit einem Arbeitsabstand von D_B = 14 weist auf der Schweißspur mehr Partikelanhaftungen auf, die zum Randbereich der Schweißspur stellenweise auf über 30 Partikelanhaftungen pro 0,05 x 2 mm² zunehmen. Der Großteil der Partikelanhaftungen befindet sich im Ausbreitungsradius des Pulvergasstrahls von r = 1,94 mm auf der Bauteiloberfläche und erreicht insbesondere im nahen Randbereich der Schweißspur die maximale Anzahl.

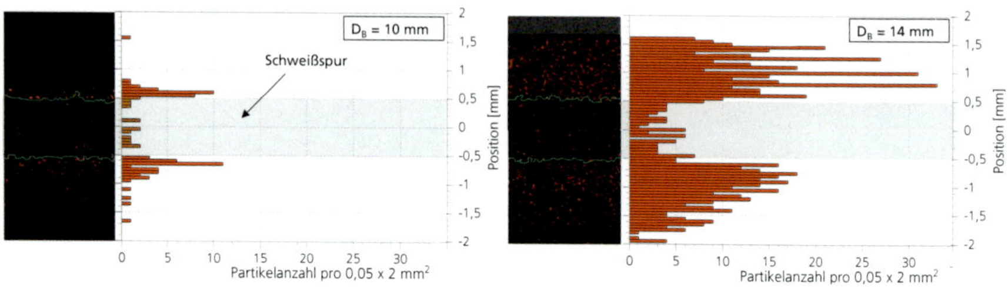

Abbildung 80: Zeilenweise Auswertung der Anzahl der Partikelanhaftungen mittels Gwyddion 2.55 (OpenSource Programm) an Probenoberflächen mit Schweißspuren (Referenzparametersatz, Kap. 5.1) mit axialer Verschiebung des Pulvergasstrahls im Arbeitsabstand D_B = 10 mm (links) und D_B = 14 mm (rechts)

Bei der Herstellung einer Beschichtung im spiralförmigen Aufbau aus Schweißspuren wird die Dichte der Pulverpartikelanhaftungen bereits deponierter Schweißspuren erhöht, wenn der Ausbreitungsradius des Pulvergasstrahls größer als das Schmelzbad ist. Ist der Ausbreitungsradius größer als der Spurversatz, dann wird die Dichte der Pulverpartikelanhaftungen über mehr als eine nebenliegende Schweißspur und mehrfache Überfahrten erhöht. Dabei können einzelne Pulverpartikelanhaftungen zu Agglomeraten zusammengeschlossen werden (vgl. Kap. 5.2, Abbildung 33) und damit größere Strukturen auf der Oberfläche bilden. Neben dem Anstieg des kurzwelligen Rauheitsanteils tragen diese Strukturen auch zum Anstieg des langwelligen Rauheitsanteils bei (Abbildung 78).

In den Untersuchungen konnte gezeigt werden, dass ein größerer Durchmesser des Pulvergasstrahls bei konstanter Laserspotgröße auf der Bauteiloberfläche zum Anstieg der Rauheit führt. Insbesondere ein größerer Ausbreitungsradius des Pulvergasstrahls im Verhältnis zur Größe des Schmelzbads führt zu einem deutlichen Anstieg der Rauheit.

Für die Herstellung von Beschichtungen mit geringer Rauheit ist demnach eine Schmelzbadgröße vorteilhaft, die im Bereich des Ausbreitungsradius des Pulvergasstrahls auf der Bauteiloberfläche liegt. Um die EHLA-Prozesstoleranz z. B. gegenüber Abweichungen des Arbeitsabstands zu steigern, eignen sich Schmelzbäder, die größer als der Ausbreitungsradius des Pulvergasstrahls auf der Bauteiloberfläche sind. Im Versuchsraum entspricht die Schweißspurbreite näherungsweise der Laserspotgröße in Laserfokuslage auf der Bauteiloberfläche, die sich mit der Verschiebung des Arbeitsabstands nicht wesentlich verändert (Abbildung 80). Demnach sollte durch die Vergrößerung des Laserstrahls ein größeres Schmelzbad erzeugt werden, um Beschichtungen mit robuster Oberflächenbeschaffenheit mittels EHLA herzustellen.

Einfluss der lateralen Verschiebung des Pulvergasstrahls φ auf die Oberflächenbeschaffenheit

Die Grundlage für die Untersuchung bildet der Referenzparametersatz (Kap. 5.1) mit einem Arbeitsabstand von D_B = 10 mm (Abstand zwischen Düsenspitze und Bauteiloberfläche) und mit der Laserfokuslage auf der Bauteiloberfläche (L_Z = 0 mm). Der Pulvergasstrahl wird um den lateralen Abstand von r_L = 0,6 mm aus der koaxialen Achse mit dem Laserstrahl gelenkt. Die Position des Pulvergasstrahls wird im Polarkoordinatensystem, wie in Abbildung 81 dargestellt, in einem festen Abstand r_L auf den Winkelkoordinaten φ variiert. Während der Variation wird der Arbeitsabstand (D_B = 10 mm) und die Laserfokuslage (L_Z = 0 mm) konstant gehalten, wodurch der Pulvergasstrahl einen konstanten Durchmesser von 1,44 mm und der Laserstrahl einen konstanten Durchmesser von 1,15 mm auf der Substratoberfläche aufweisen.

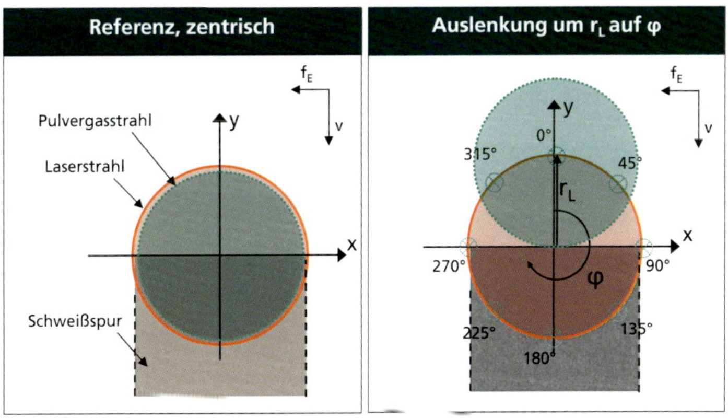

Abbildung 81: Prinzipskizze der lateralen Verschiebung des Pulvergasstrahls zum Laserstrahl (Größenvergleich bezogen auf Fokusdurchmesser von Laserstrahl (1,15 mm) und Pulvergasstrahl (1,12 mm))

Auslenkung: r_L = 0,6 mm
Position: φ = 0° – 315°

Die erzeugten Beschichtungen sind in Abbildung 82 enthalten und weisen visuell wahrnehmbar eine unterschiedliche Oberflächenbeschaffenheit auf. Die Beschichtungen auf den Polarkoordinaten φ = 0° und φ = 135° sind gegenüber der Referenzbeschichtung (R) durch einen erhöhten Glanzgrad ausgeprägt. Die Beschichtungen auf φ = 225° sowie φ = 270° weisen eine visuell wahrnehmbare Vergrößerung der Mikrorauheit mit der Verkleinerung des Glanzgrades auf. Die Beschichtungen auf φ = 45° und insbesondere φ = 90° weisen eine visuell wahrnehmbare Vergrößerung der Makrorauheit durch grobe Strukturen auf.

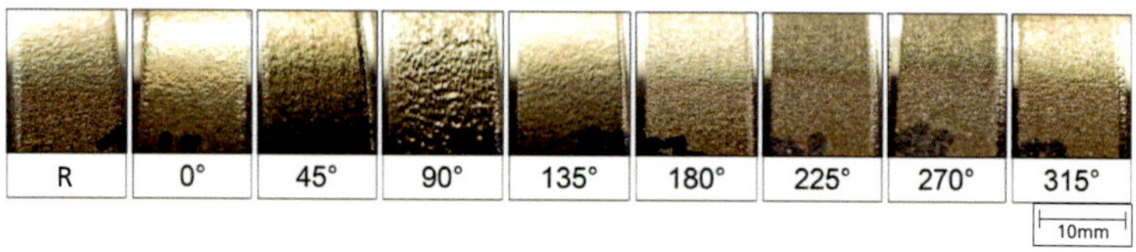

Abbildung 82: Aufnahmen von Beschichtungsoberflächen (Referenzparametersatz, Kap. 5.1) bei lateraler Verschiebung des Pulvergasstrahls um r_L = 0,6 mm auf φ = 0° – 315° im Vergleich zur Referenzbeschichtung (R)

Die Auswertung der Kenngrößen Sa und Ra (Abbildung 83) zeigt für die bereits visuell unterschiedlich erscheinenden Beschichtungsoberflächen unterschiedliche Rauheitswerte. Die Referenzbeschichtung (R) weist einen Rauheitswert von Sa = 6,1 µm bei koaxialer Position des Pulvergasstrahls zum Laserstrahl auf. Die Beschichtung auf der Polarkoordinate φ = 0° weist mit Sa = 5,3 µm eine kleinere Rauheit als die Referenzbeschichtung und φ = 135° mit Sa = 4,7 µm die kleinste Rauheit auf. Die Beschichtungen auf φ = 45° und φ = 180° weisen Rauheitskennwerte im Bereich der Referenzbeschichtung mit Sa = 6,1 µm auf. Die Beschichtungsoberflächen auf φ = 90° und φ = 225° erreichen mit Sa = 17,3 µm und Sa = 16,1 µm einen annähernd 3-fach größeren Rauheitswert, wobei die Beschichtung auf φ = 270° mit 20 µm den größten Rauheitswert aufweist. Zusammenfassend ist der Prozess bei der Verschiebung des Pulvergasstrahls in die Richtung φ = 90°, 225°, 270° und 315° hinsichtlich der Rauheit Sa mehrfach sensibler als bei einer Verschiebung in die Richtung φ = 0°, 45°, 135° und 180°.

Abbildung 83: Rauheitswerte Sa, Ra von Beschichtungen (Referenzparametersatz, Kap. 5.1) bei lateraler Verschiebung des Pulvergasstrahls
r_L = 0,6 mm
φ = 0° – 315°

im Vergleich zur Referenzbeschichtung (REF)

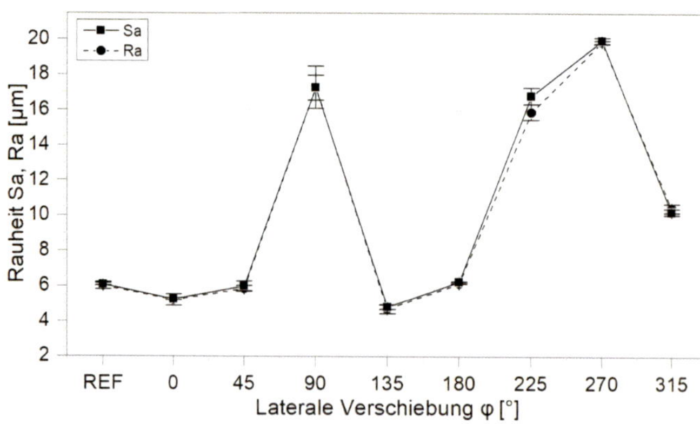

Das Rauheitsspektrum (Abbildung 84) zeigt für die Beschichtungen auf den Polarkoordinaten φ = 0° und φ = 135° gegenüber der Referenzbeschichtung (REF)

kleinere Rauheitswerte und insbesondere einen kleineren langwelligen Rauheitsanteil. Die Beschichtungen auf φ = 45° und φ = 90° weisen einen zur Referenzbeschichtung vergleichbaren kurzwelligen Rauheitsanteil auf, während der langwellige Rauheitsanteil insbesondere für φ = 90° verhältnismäßig stark ansteigt. Dieses Ergebnis bestätigt den visuell wahrnehmbaren Eindruck der Beschichtungsoberfläche in Abbildung 82. Obwohl die Beschichtungen auf φ = 90° und φ = 225° über vergleichbare Rauheitswerte verfügen, zeigt das Rauheitsspektrum eine andere Zusammensetzung der Rauheitsanteile: Gegenüber der Beschichtung auf φ = 90° setzt sich der Rauheitswert der Beschichtung auf φ = 225° aus erhöhten Rauheitsanteilen im Spektralbereich kürzerer Wellenlängen zusammen. Das Ergebnis erklärt das in Abbildung 82 dargestellte Erscheinungsbild der Beschichtungsoberfläche auf φ = 225°, welche trotz eines ähnlichen Rauheitswertes über feine ausgebildete Strukturen verfügt. Allgemein sind die erhöhten Rauheitsanteile über einen breiteren Spektralbereich verteilt. Die Beschichtungen auf φ = 270° und φ = 315° weisen eine ähnliche Verteilung der Rauheitsanteile über den Spektralbereich auf, die in der Größe der Rauheitsanteile variieren. Die Beschichtung auf φ = 180° verfügt im Vergleich zur Referenzbeschichtung über einen minimal größeren kurzwelligen und minimal kleineren langwelligen Rauheitsanteil.

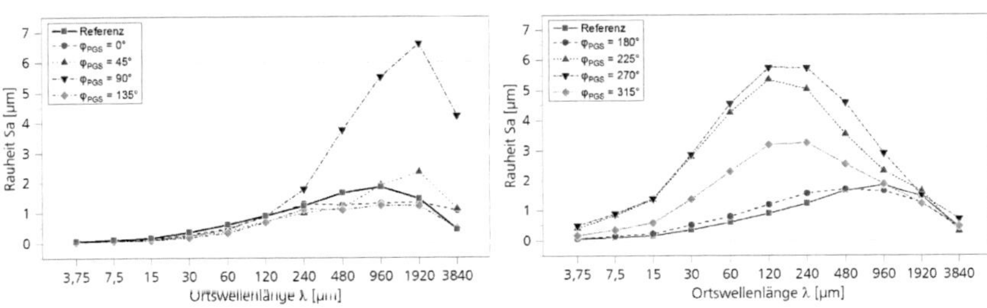

Abbildung 84: Rauheitsspektren von Beschichtungen (Referenzparametersatz, Kap. 5.1) bei lateraler Verschiebung des Pulvergasstrahls auf φ = 0° bis φ = 90° (links) und φ = 180° bis φ = 315° (rechts) im Vergleich zur Referenzbeschichtung

Um die Beschichtung hinsichtlich der Entstehung ihrer Oberflächenbeschaffenheit zu untersuchen, werden Hochgeschwindigkeitsaufnahmen von einzelnen Schweißspuren im Beschichtungsprozess hergestellt. Die Abbildung 85 zeigt die Hochgeschwindigkeitsaufnahmen der Schweißspuren mit lateraler Verschiebung des Pulvergasstrahls im Vergleich zur koaxialen Referenzeinstellung, die im Beschichtungsprozess erzeugt wurden. Die mit dem Referenzparametersatz (Kap. 5.1) hergestellte Schweißspur weist als Basiseinstellung eine Laserfokuslage auf der Bauteiloberfläche (L_Z = 0 mm) mit einem Laserspotdurchmesser von 1,15 mm (Kap.4.3) und Durchmesser des Pulvergasstrahls von 1,43 mm (Kap. 4.2) auf der Bauteiloberfläche auf, wodurch der Großteil der Pulverpartikel in das Schmelzbad gefördert wird. Die Schweißspur auf φ = 0° weist einen zum Laserstrahl vorlaufenden Pulvergasstrahl auf, wodurch ein geringerer Anteil an Pulverpartikeln in das Schmelzbad gefördert wird. An der Bauteiloberfläche anhaftende Pulverpartikel im Bereich des nachfolgenden Schmelzbads können vom Schmelzbad aufgenommen werden und tragen zur Schichtausbildung bei. Die Schweißspuren auf φ = 90° und 135° verfügen ebenfalls über eine Pulvergasstahlposition, bei der Pulverpartikel anteilig auf einen Bereich der Bauteiloberfläche gefördert werden, auf dem nachfolgende Schweißspuren deponiert werden. Hierbei können an der Bauteiloberfläche anhaftende Pulverpartikel ebenfalls vom nachfolgenden Schmelzbad aufgenommen werden. Die resultierenden Beschichtungsoberflächen sind durch wenige Pulverpartikelanhaftungen und damit eine Oberflächenbeschaffenheit gekennzeichnet, die über einen kleinen kurzwelligen Rauheitsanteil verfügt (Abbildung 84, links). Bei den Schweißspuren auf φ = 180°, 225°, 270° und 315° werden die Pulverpartikel anteilig auf die bereits deponierte Schweißspur oder auf Bereiche entgegen der Spurversatzrichtung gefördert, die nicht von nachfolgenden Schweißspuren aufgenommen werden können. Die Oberflächenbeschaffenheit dieser Beschichtungen ist durch einen erhöhten kurzwelligen Rauheitsanteil geprägt (Abbildung 84, rechts). Diesen Zusammenhang verdeutlicht die Beschichtung auf φ = 270° mit dem größten kurzwelligen Rauheitsanteil, bei welcher die Pulverpartikel im größten Abstand und entgegengesetzt zum Spurversatz auf die Bauteiloberfläche gefördert werden.

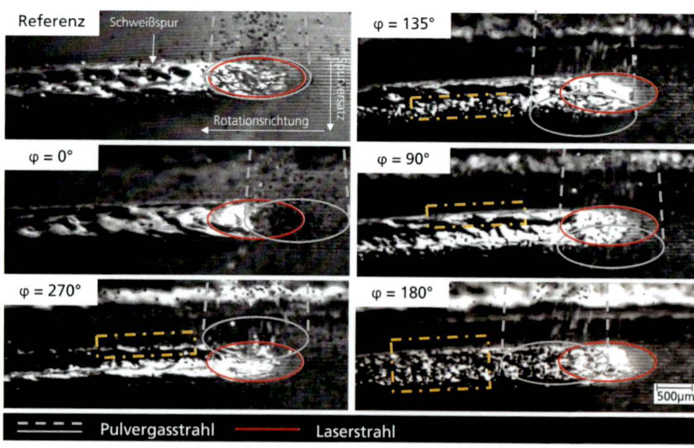

Abbildung 85: Hochgeschwindigkeitsaufnahmen von Schweißspuren im Beschichtungsprozess (Referenzparametersatz, Kap. 5.1) mit lateraler Verschiebung des Pulvergasstrahls r_L = 0,6 mm φ = 0° – 315° im Vergleich zur Referenzbeschichtung

Um den Einfluss der Pulvergasstrahlausrichtung auf den langwelligen Rauheitsanteil zu bewerten, ist in Abbildung 86 eine Hochgeschwindigkeitsaufnahme aus einer Videosequenz in einer anderen Perspektive abgebildet. Das Schmelzbad der Schweißspur auf Polarkoordinate φ = 45° weist einen scharfen Schmelzbadrand mit stellenweise aufgewölbter und abgesenkter Oberfläche auf, wodurch die daraus entstehenden Wellen gegen das Schmelzbadende anlaufen und als

Schuppen erstarren. Die resultierende Oberfläche weist einen vergrößerten langwelligen Rauheitsanteil auf (vgl. Abbildung 84, links). Dagegen kann mit der Auslenkung des Pulvergasstrahls in den Bereich des Schmelzbadendes (φ = 180°) Einfluss auf die gegen das Schmelzbadende anlaufenden Wellen genommen und die Höhendifferenz reduziert werden. Die resultierende Oberfläche weist einen kleineren langwelligen Rauheitsanteil auf (vgl. Abbildung 84, rechts). Mit der Auslenkung des Pulvergasstrahls in den nachlaufenden Bereich zum Laserstrahl kann damit Einfluss auf die Schuppenbildung der Schweißspur genommen werden.

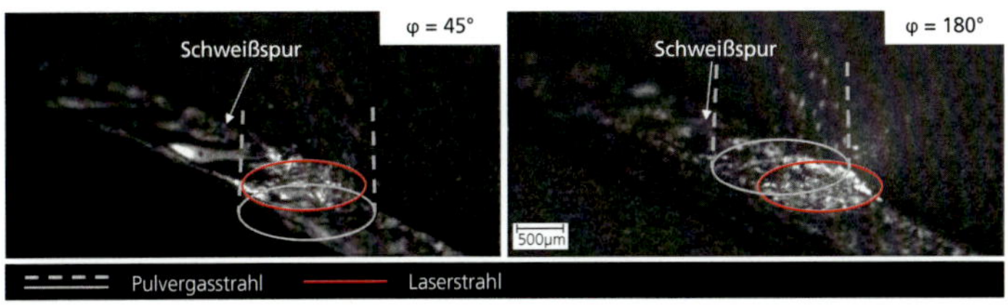

Abbildung 86: Hochgeschwindigkeitsaufnahmen von Schweißspuren im Beschichtungsprozess (Referenzparametersatz, Kap. 5.1) mit lateraler Verschiebung des Pulvergasstrahls
r_L = 0,6 mm
φ = 45°, 180°

Mit der Verschiebung des Pulvergasstrahls aus der Achse des Laserstrahls kann ein Einfluss auf sowohl den kurzwelligen als auch langwelligen Rauheitsanteil der Beschichtungsoberfläche genommen werden. In den Untersuchungen zur lateralen Verschiebung des Pulvergasstrahls zur Laserstrahlachse weist die Beschichtung auf der Polarkoordinate φ = 135° die kleinste Rauheit von Sa = 4,7 µm (Ra = 4,6 µm) (Abbildung 83) auf.

Für die Herstellung von Beschichtungen mit kleiner Rauheit ist damit die Auslenkung des Pulvergasstrahls auf φ = 135° aus der koaxialen Position heraus vorteilhaft. Hiermit wird ein kleinerer Anteil der Pulverpartikel auf einen Bereich entgegengesetzt zur Spurversatzrichtung deponiert, wodurch der kurzwellige Rauheitsanteil reduziert wird. Zudem wird durch die Auslenkung des Pulvergasstrahls in den Bereich des Schmelzbadendes Einfluss auf die gegen das Schmelzbadende laufenden Wellen genommen, wodurch Höhendifferenzen und der langwellige Rauheitsanteil reduziert werden können.

Zusammenfassung der Untersuchungen zur Anpassung der Oberflächenbeschaffenheit

Den größten Einfluss auf den Rauheitsanteil im kurzwelligen und langwelligen Rauheitsbereich hatte die laterale Verschiebung der Achse des Pulvergasstrahls aus dem Laserstrahl, Kap. 6.4. Durch diese Anpassung wurde im Verhältnis zur Referenzbeschichtung (REF, Sa = 6,3 µm) die Rauheit um 217 % (270°, Sa = 20 µm) und 170 % (90°, Sa = 17 µm) verändert (Abbildung 87). Im mittelwelligen Rauheitsbereich hat die Anpassung der Schweißspurgestalt und Spurversatz, Kap. 6.1 zur größten Rauheitsänderung von 487 % (A-0,6, Sa = 37 µm) geführt.

Abbildung 87: Materialmasse (Vmp x Dichte) oberhalb der Schnittebene für jeweiligen Traganteil für Beschichtungen mit höchsten Rauheitsanteilen (2.- 4. Ordnung) im Vergleich zum Referenzparametersatz

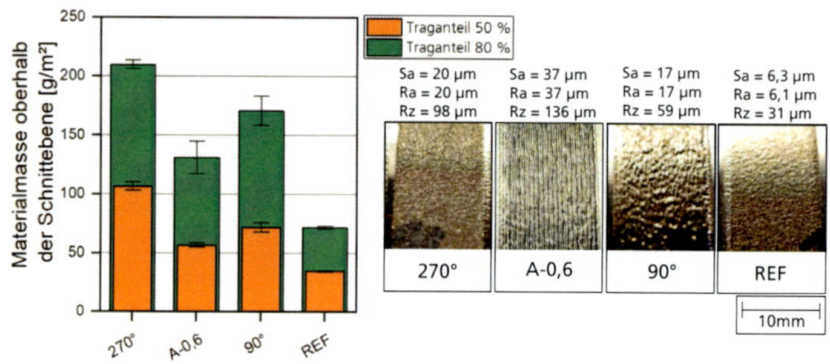

Innerhalb der Untersuchungsreihe hatte eine primär durch Partikelanhaftungen ausgeprägte Beschichtungsoberfläche das größte, für die Nachbearbeitung relevante Materialspitzenvolumen. Für einen Traganteil von 50% und 80% beträgt die dabei oberhalb der Schnittebene liegende Materialmasse (270°, 106 und 210 g/m²) gegenüber der Referenzbeschichtung (REF, 35 und 72 g/m²) ca. dreimal mehr. Neben Beschichtungen mit der größten Materialmasse konnten auch Beschichtungen mit insgesamt der kleinsten (135°, 23 und 56 g/m²) und gegenüber der Referenzbeschichtung ca. einem Drittel kleineren Materialmasse hergestellt werden. Im untersuchten Prozessraum zeigt damit die Auslenkung der Achse des Pulvergasstrahls aus dem Laserstrahl die größte Wirkung auf die Beschichtungsoberfläche.

Die Kenngröße Sa (sowie Ra und Rz) lieferte keinen eindeutigen Zusammenhang zur jeweiligen Materialmasse, wonach entgegen der Erwartung für die Beschichtung mit der größten Flächenrauheit Sa = 37 µm nicht die größte Materialmasse gemessen wurde. Der Rauheitsbereich wurde gegenüber dem Stand der Technik mit Ra = 11,3 – 20,5 durch die Untersuchungen dieser Arbeit auf Ra = 4,6 – 37,0 µm wesentlich erweitert. Darüber hinaus wurde erstmalig ein grundlegendes Verständnis zum Zusammenhang der Oberflächenstruktur des Substrates auf die Beschichtungsoberfläche aufgebaut und quantifiziert. Eine gedrehte Substratoberfläche bis Ra = 29,85 µm und Rz = 128,8 µm hatte nur einen geringen Einfluss auf die Rauheit und größeren Einfluss auf das Materialspitzenvolumen der Beschichtung.

7 Zusammenfassung und Ausblick

Zusammenfassung

Im Unterschied zu industriell etablierten galvanotechnischen Verfahren und Thermischen Spritzverfahren kann beim neuartigen Extremen Hochgeschwindigkeits-Laserauftragschweißen (EHLA) aufgrund einer schmelzmetallurgischen Anbindung der Beschichtung auf eine aufwendige Vorbearbeitung des Grundköpers zur Steigerung der Haftfestigkeit verzichtet werden. Daneben ist die Maßhaltigkeit der aufgetragenen Beschichtung für die Erfüllung von technischen Funktionen der Bauteile von entscheidender Bedeutung, für welche spezifische Anforderungen an die geometrische Beschaffenheit der Beschichtung gestellt werden. Diese Anforderungen werden erst durch eine aufwändige Nachbearbeitung der beschichteten Bauteile mittels spanabhebender Verfahren, wie z. B. dem Schleifen oder Drehen erreicht. Beschichtungen mit möglichst geringen Gestaltabweichungen im Vergleich zur angeforderten geometrischen Oberfläche sind daher von großem wirtschaftlichem Interesse.

Die Oberflächenbeschaffenheit von mittels EHLA erzeugten Beschichtungen wurde bisher lediglich für die Erzeugung von rauen Oberflächen systematisch untersucht. Die Beschichtungsoberflächen erreichten Rauheiten von Rz = 58,7 µm und Ra = 11,5 µm, wonach der Arbeitsabstand zwischen der Bauteiloberfläche und dem Bearbeitungskopf den größten Einfluss auf die Steigerung der Rauheit hatte [32]. Im ähnlichen Parameterbereich hergestellte Beschichtungen weisen eine Rauheit von Ra = 11,3 – 20,5 µm bei Variation der Umfangsgeschwindigkeit von v = 30 – 60 m/min auf [33]. Der Stand der Wissenschaft und Technik zum EHLA umfasst keine weitergehenden systematischen Untersuchungen zur Oberflächenbeschaffenheit von Beschichtungen, die sowohl qualitative als auch quantitative Zusammenhänge zwischen den prozessrelevanten Einflussgrößen auf die Oberflächenbeschaffenheit von Beschichtungen einheitlich beschreiben.

Im Hinblick auf die Bedeutung des neuartigen EHLA-Verfahrens für eine effiziente Prozesskette bestehend aus den Schritten Vorbearbeitung, Beschichtung und Nachbearbeitung werden Untersuchungen zu der erforderlichen Oberflächenbeschaffenheit von Rohbauteilen und die im Prozess erzielbare Oberflächenbeschaffenheit von Beschichtungen durchgeführt. Erstmalig werden die Wirkzusammenhänge der Prozesseinflussgrößen: Pulvermassenstrom, Fördergasvolumenstrom, Laserleistung, Umfangsgeschwindigkeit, Spurversatz, Substratoberfläche, Partikelkorngröße, Relativposition von Laserstrahl/ Pulvergasstrahl/ Bauteil auf die erzielbare Oberflächenbeschaffenheit von EHLA-Beschichtungen systematisch sowie einheitlich untersucht. Die Charakterisierung der

Oberflächenbeschaffenheit der applizierten Beschichtungen erfolgt mittels Weißlichtinterferometers und Auswertung der Rauheitskenngrößen Ra, Rz sowie Sa. Das Beschichtungsvolumen oberhalb einer Schnittebene wird durch das Materialspitzenvolumen Vm(p) ermittelt und ist für die Nachbearbeitung hinsichtlich des abzutragenden Materialvolumens von Bedeutung. Mit der anschließenden Zerlegung der Beschichtungsoberfläche in wellenlängenabhängige Anteile werden unterschiedliche Strukturgrößen dargestellt und ihre Entstehungsursachen analysiert.

Auf Grundlage einer für die Nutzung des EHLA-Verfahrens repräsentativen Maschinen- und Systemtechnik wurde eine Referenzbeschichtung mit einer für Kolbenanwendungen typischen Beschichtungsdicke von 100 µm aus dem Werkstoff Inconel 625 für den Korrosionsschutz entwickelt. Durch die Anpassung der wesentlichen Prozesseinflussgrößen wurde die Wirkung auf die Oberflächenbeschaffenheit der Referenzbeschichtung untersucht. Für die Aufnahme der charakteristischen Oberflächenbeschaffenheit wurden berührungslose und taktile Messmittel für die Oberflächenvermessung hinsichtlich ihrer Eignung miteinander verglichen. Für das ZYGO Nexview NX2 (Weißlichtinterferometer) wurde die geringste Abweichung in der Übertragungscharakteristik zur Darstellung der wirklichen Oberfläche festgestellt. Mit diesem Messmittel wurden vier grundlegende Schweißspurgestalten unter Variation der Prozessparameter identifiziert, die zu Beschichtungen zusammengesetzt und an der Oberfläche vermessen wurden.

Der Rauheitsbereich wurde mit den Untersuchungen dieser Arbeit gegenüber dem Stand der Technik mit Ra = 11,3 – 20,5 µm wesentlich erweitert. Durch die Anpassung der Prozesseinflussgrößen konnten Rauheitswerte der Beschichtungsoberflächen im Bereich von Sa = 4,7 – 37 µm (Ra = 4,6 – 37 µm) erzielt werden, während die entwickelte Referenzbeschichtung eine Rauheit von Sa = 6,3 µm (Ra = 6,2 µm) aufweist. Darüber hinaus wurde erstmalig der Einfluss der Oberflächenstruktur des Substrates auf die Beschichtungsoberfläche untersucht. Eine gedrehte Substratoberfläche (bis Ra = 29,85 µm und Rz = 128,8 µm) hatte nur einen geringen Einfluss auf die Oberflächenbeschaffenheit der Beschichtung, da durch den EHLA-Prozess Materialspitzen aus der Ursprungsoberfläche geglättet und Senken mit Material gefüllt werden.

Die Beschichtungsoberfläche setzt sich aus einer Kombination einzelner Strukturgrößen zusammen. Erstmalig für das EHLA-Verfahren wurde mit Hilfe von Rauheitsspektren (Abbildung 88) die Auswertung der Rauheit in Abhängigkeit der Wellenlänge und eine Analyse der wellenlängenabhängigen Änderung der Oberflächenbeschaffenheit mit Einordnung ihrer ursächlichen Strukturgrößen durchgeführt. Der kurzwellige Rauheitsanteil (4. Ordnung) im Bereich von $\lambda_{min} - \lambda_{max}$ = 10 - 100 µm ist primär durch statistisch verteilte Partikelanhaftungen geprägt. Der Rauheitsanteil im Bereich von $\lambda_{min} - \lambda_{max}$ = 100 - 1000 µm ist primär von periodischen Strukturen (3. Ordnung) abhängig, die durch die

Schweißspurgeometrie und das Spurversatzverhältnis bestimmt werden. Der langwellige Rauheitsanteil (2. Ordnung) im Bereich $\lambda_{min} - \lambda_{max}$ = 1000 – 3840 µm wird durch Strukturen bestimmt, die aus der Schmelzbadbewegung, insbesondere dem Aufwölben und Absenken der Schmelzbadoberfläche gebildet werden und sich über mehr als eine Schweißspur erstrecken.

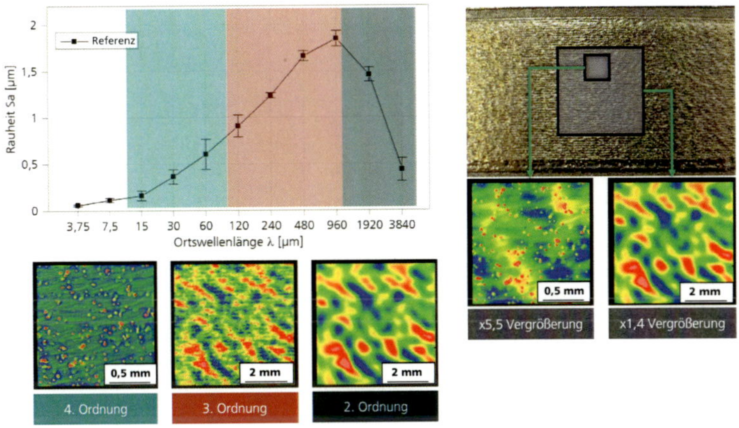

Abbildung 88: Rauheitsspektrum für Referenzbeschichtung (Kap. 5.1) mit gefilterten WIM-Aufnahmen im farblich hervorgehobenen Ortswellenlängenbereich (links)

Referenzbeschichtung mit WIM-Aufnahmen in zwei Vergrößerungsstufen (rechts)

Den größten Einfluss auf den Rauheitsanteil im kurzwelligen und langwelligen Rauheitsbereich hatte die laterale Verschiebung der Achse des Pulvergasstrahls aus dem Laserstrahl. Durch diese Anpassung wurde im Verhältnis zur Referenzbeschichtung (REF, Sa = 6,3 µm) die Rauheit um 217 % (270°, Sa = 20 µm) und 170 % (90°, Sa = 17 µm) verändert. Im mittelwelligen Rauheitsbereich hat die Anpassung der Schweißspurgestalt und des Spurversatzes zur größten Rauheitsänderung von 487 % (A-0,6, Sa = 37 µm) geführt.

Innerhalb der Untersuchungsreihe hatte eine primär durch Partikelanhaftungen ausgeprägte Beschichtungsoberfläche das größte, für die Nachbearbeitung relevante Materialspitzenvolumen. Für einen Traganteil von 50% und 80% beträgt die oberhalb der Schnittebene liegende Materialmasse (270°, 106 und 210 g/m²) gegenüber der Referenzbeschichtung (REF, 35 und 72 g/m²) ca. drei Mal mehr. Die Beschichtung mit dem kleinsten Materialspitzenvolumen (135°, 23 und 56 g/m²) weist gegenüber der Referenzbeschichtung nur ca. zwei Drittel der Materialmasse auf. Beide Beschichtungen wurden mittels Auslenkung der Achse des Pulvergasstrahls aus dem Laserstrahl hergestellt, wodurch diese Prozesseinflussgröße die größte Wirkung auf die Beschichtungsoberfläche im untersuchten Prozessraum zeigt.

Die Kenngröße Sa (sowie Ra und Rz) lieferte keinen eindeutigen Zusammenhang zur jeweiligen Materialmasse, wonach entgegen der Erwartung für die Beschichtung mit der größten Flächenrauheit Sa = 37 µm nicht die größte Materialmasse gemessen wurde.

Damit wurde in dieser Arbeit ein grundlegendes Prozessverständnis hinsichtlich der Wirkzusammenhänge von Prozesseinflussgrößen auf die erzielbare Oberflächenbeschaffenheit von Beschichtungen geschaffen. Für die Herstellung von Beschichtungen mit spezifischen Oberflächenanforderungen können mit der Anwendung der Erkenntnisse erstmalig gezielte Prozessanpassungen vorgenommen werden. Mit der Betrachtung des EHLA-Verfahrens in der Prozesskette können erstmalig Aussagen zur Oberflächenanforderung der Vorbearbeitung und zum Spanungsvolumen der Nachbearbeitung getroffen werden.

Ausblick

Mit dem Prozessverständnis hinsichtlich der Wirkzusammenhänge von Prozesseinflussgrößen auf die erzielbare Oberflächenbeschaffenheit von Beschichtungen kann Einfluss auf den Vor- und Nachbearbeitungsaufwand von unbeschichteten und beschichteten Bauteilen genommen werden. Für die Prozesskette bestehend aus den Schritten Vorbearbeitung, Beschichten, Nachbearbeitung schließen sich folgende Forschungsthemen an:

- Untersuchung des Einsparpotentials bei der Vorbearbeitung von Bauteilen durch eine geringere Oberflächengüte im Verhältnis zum Anstieg des Nachbearbeitungsaufwands der Beschichtungen bezugnehmend auf die Kennzahlen: Herstellkosten/Stück, Materialkosten/Stück, Taktzeit

- Untersuchung der anwendungsgerechten technischen Funktions- und Leistungsfähigkeit von EHLA-Beschichtungen mit angepasster Oberflächenbeschaffenheit im Anschluss an die Nachbearbeitung z. B. hinsichtlich der Korrosions- und Verschleißbeständigkeit sowie Gleiteigenschaften

Für den Beschichtungsprozess schließen sich folgende Forschungsthemen an:

- Untersuchung von Pulverwerkstoffen mit unterschiedlichen Schmelztemperaturen, wie z. B. MMC-Werkstoffe mit Hartphasen aus WC, TiC, SiC in Kombination einer Metallmatrix aus Edelstahl (1.4404) oder Inconel 625 (2.4856)

- Untersuchung von mehrlagigen Beschichtungen mit angepasster Oberflächenbeschaffenheit mit Bewertung der geometrischen Maßhaltigkeit und Übertragung der Erkenntnisse für die Additive Fertigung (z. B. 3D-EHLA)

Mit Anpassung der Prozesseinflussgrößen konnten auch offenporige Oberflächen mit großer Rauheit reproduzierbar erzeugt werden (Abbildung 89).

Abbildung 89: Exemplarischer Querschliff eines porösen Formkörpers hergestellt mittels PORE-X (links) mit Erprobung einer Applikation aus Inconel 625 auf einem Grundkörper aus Baustahl E355 für die alkalische Elektrolyse (AEL) zur Wasserstofferzeugung (rechts)

Das „Verfahren zur Herstellung einer porösen Schicht oder eines porösen Körpers (PORE-X)“ wurde im Oktober 2021 mit Prioritätskennzeichen 10 2021 132 139.5 international zum Patent PCT/EP2022/084558 angemeldet, für welches sich folgende Forschungsthemen anschließen:

- Untersuchung der erzielbaren Porosität (Verhältnis Hohlraumvolumen zu Gesamtvolumen), Porengröße, geometrischen Höhe und elektrischen Leitfähigkeit der porösen Schichten
- Untersuchung der erzielbaren Produktivität mit der Entwicklung von Qualitätskriterien für den Herstellungsprozess der porösen Schichten und Körper

Mit Ermittlung der Grenzen des neuen Verfahrens und der Eigenschaftsprofile der Erzeugnisse können Potentiale u. a. für Anwendungen mit einem Bedarf an großen Oberflächen, Leichtbaustrukturen, Filterfunktionen, Druck- und Strömungsminderern sowie Wärmetauschern bewertet werden.

8 Anhang

8.1 Symbolverzeichnis

Symbol	Einheit	Bedeutung
ap	[mm]	Zustellung des Drehwerkzeugs
D_B	[mm]	Arbeitsabstand zwischen Pulverzufuhrdüse und Bauteil-oberfläche
d_P	[µm]	Durchschnittliche Partikelkorngröße
E_S	[W/(m/min)]	Streckenenergie
f_D	[mm/U]	Spurversatz des Dreh-Prozesses
f_E	[mm/U]	Spurversatz des EHLA-Prozesses
G_S	[µm]	Pulverkornfraktion
m_S	[g/m]	Streckenmasse
L_Z	[mm]	Axiale Relativposition des Laserstrahls zum Pulvergas-strahl
n_{PF}	[U/min]	Drehgeschwindigkeit des Pulverfördertellers
V_{FG}	[l/min]	Fördergasvolumenstrom
V_{SG}	[l/min]	Schutzgasvolumenstrom
v	[m/min]	Oberflächengeschwindigkeit des Bauteils im TCP
P_L	[W]	Laserleistung
w	[mm]	Fokusdurchmesser
$\dot{m}$	[g/min]	Pulvermassenstrom
r_L	[mm]	Laterale Auslenkung der Achse des Pulvergasstrahls aus der Achse des Laserstrahls
P_A	[Anzahl]	Anzahl von Partikelanhaftungen der Oberfläche
P_V	[µm³/cm²]	Volumen von Partikelanhaftungen der Oberfläche
$P_{V,D}$	[µm³/cm²]	durchschnittliches Volumen der Partikelanhaftungen
p_3	[%]	relative Häufigkeit
Q_3	[%]	kumulierte Häufigkeit

r_E	[mm]	Schneideckenradius
Ra	[µm]	Arithmetischer Mittelwert der Profilordinaten (Mittenrauwert)
Rp	[µm]	Absolut höchste Punkte der Oberfläche
Rv	[µm]	Absolut niedrigste Punkte der Oberfläche
Rth	[µm]	Theoretische Rautiefe
Rz	[µm]	Größte Höhe des Profils (mittlere Rautiefe)
Sa	[µm]	Mittlere arithmetische Höhe der skalenbegrenzten Oberfläche
Rdq		Mittlerer quadratischer Gradient des skalenbegrenzten Profils
Sdq		Mittlerer quadratischer Gradient der skalenbegrenzten Oberfläche
Θ	[mrad]	Divergenzwinkel
φ	[°]	Laterale Relativposition der z-Achse des Pulvergasstrahls zum Laserstrahl
$SPHT$		Sphärizität
ϕ		Spurversatzverhältnis
Vm(p)	[m³]	Materialvolumen bei gegebenem Materialanteil p
z_R	[mm]	Rayleigh-Länge
ap	[mm]	Zustellung
D_B	[mm]	Arbeitsabstand zwischen Pulverzufuhrdüse und Bauteiloberfläche
d_P	[µm]	Durchschnittliche Partikelkorngröße
E_S	[W/(m/min)]	Streckenenergie
f_D	[mm/U]	Spurversatz des Dreh-Prozesses
f_E	[mm/U]	Spurversatz des EHLA-Prozesses
G_S	[µm]	Pulverkornfraktion
m_S	[g/m]	Streckenmasse
L_Z	[mm]	Axiale Relativposition des Laserstrahls zum Pulvergasstrahl
n_{PF}	[U/min]	Drehgeschwindigkeit des Pulverfördertellers

V_{FG}	[l/min]	Fördergasvolumenstrom
V_{SG}	[l/min]	Schutzgasvolumenstrom
v	[m/min]	Oberflächengeschwindigkeit des Bauteils im TCP
P_L	[W]	Laserleistung
w	[mm]	Fokusdurchmesser

8.2 Abkürzungsverzeichnis

Abkürzung	Bedeutung
EHLA	Extremes Hochgeschwindigkeits-Laserauftragschweißen
kfz	Kubisch flächenzentriertes Kristallgitter
krz	Kubisch raumzentriertes Kristallgitter
LA	Laserauftragschweißen
WIG	Wolfram-Inertgas-Schweißen
MAG	Metallschweißen mit aktiven Gasen
UP	Unterpulverschweißen
PPA	Plasmapulverauftragschweißen
IN625	Inconel 625, Werkstoffnummer 2.4856
316L	Austenitischer nichtrostender Stahl, Werkstoffnummer 1.4404
PMF	Programmierbare motorische Fokussiereinheit
P-Profil	Primärprofil

8.3 Abbildungen und Formeln

Abbildungen

Versuch	Substrat-werkstoff	Substratoberfläche	Spur-versatz [mm/U]	Laserleistung [W]	Pulvermassen-strom [g/min]	Fördergas [l/min]	Pulver-werkstoff	Pulverkorn-fraktion [µm]	Schutzgasvol-umenstrom [l/min]	Umfangsgeschwin digkeit [m/min]	Arbeits-abstand [mm]
Schopphoven	1.4301 (AISI 304)	Geschliffen	0,25	1400	15	5	2.4856 (IN625)	20 - 53	10	50	10
1	1.0577 (S355)	Gedreht, 0,2 mm/U	0,25	1400	14,8	5	2.4856 (IN625)	20 - 53	10	50	10
2	1.0577 (S355)	Gedreht, 0,2 mm/U	0,15	1400	14,8	5	2.4856 (IN625)	20 - 53	10	50	10
3	1.0577 (S355)	Gedreht, 0,2 mm/U	0,175	1400	14,8	5	2.4856 (IN625)	20 - 53	10	50	10
4	1.0577 (S355)	Gedreht, 0,2 mm/U	0,2	1400	14,8	5	2.4856 (IN625)	20 - 53	10	50	10
5	1.0577 (S355)	Gedreht, 0,2 mm/U	0,225	1400	14,8	5	2.4856 (IN625)	20 - 53	10	50	10
6	1.0577 (S355)	Gedreht, 0,2 mm/U	0,2	1500	14,8	5	2.4856 (IN625)	20 - 53	10	50	10
7	1.0577 (S355)	Gedreht, 0,2 mm/U	0,2	1600	14,8	5	2.4856 (IN625)	20 - 53	10	50	10
8	1.0577 (S355)	Gedreht, 0,2 mm/U	0,2	1700	14,8	5	2.4856 (IN625)	20 - 53	10	50	10
9	1.0577 (S355)	Gedreht, 0,2 mm/U	0,2	1800	14,8	5	2.4856 (IN625)	20 - 53	10	50	10
10	1.0577 (S355)	Gedreht, 0,2 mm/U	0,2	1900	14,8	5	2.4856 (IN625)	20 - 53	10	50	10
11	1.0577 (S355)	Gedreht, 0,2 mm/U	0,2	2000	14,8	5	2.4856 (IN625)	20 - 53	10	50	10
12	1.0577 (S355)	Gedreht, 0,2 mm/U	0,2	1800	11	5	2.4856 (IN625)	20 - 53	10	50	10
13	1.0577 (S355)	Gedreht, 0,2 mm/U	0,2	1800	10,2	5	2.4856 (IN625)	20 - 53	10	50	10
14	1.0577 (S355)	Gedreht, 0,2 mm/U	0,2	1800	9,6	5	2.4856 (IN625)	20 - 53	10	50	10
15	1.0577 (S355)	Gedreht, 0,2 mm/U	0,2	1800	8,7	5	2.4856 (IN625)	20 - 53	10	50	10
16	1.0577 (S355)	Gedreht, 0,2 mm/U	0,2	1800	9,6	6	2.4856 (IN625)	20 - 53	10	50	10
17	1.0577 (S355)	Gedreht, 0,2 mm/U	0,2	1800	9,6	6,5	2.4856 (IN625)	20 - 53	10	50	10
18	1.0577 (S355)	Gedreht, 0,2 mm/U	0,2	1800	9,6	7	2.4856 (IN625)	20 - 53	10	50	10
19	1.0577 (S355)	Gedreht, 0,2 mm/U	0,2	1800	9,6	6	2.4856 (IN625)	20 - 53	10	50	10
20	1.0577 (S355)	Gedreht, 0,2 mm/U	0,2	1800	9,6	6	2.4856 (IN625)	20 - 53	10	50	10

Abbildung 90: Versuchsplan zur Entwicklung des Referenzparametersatzes

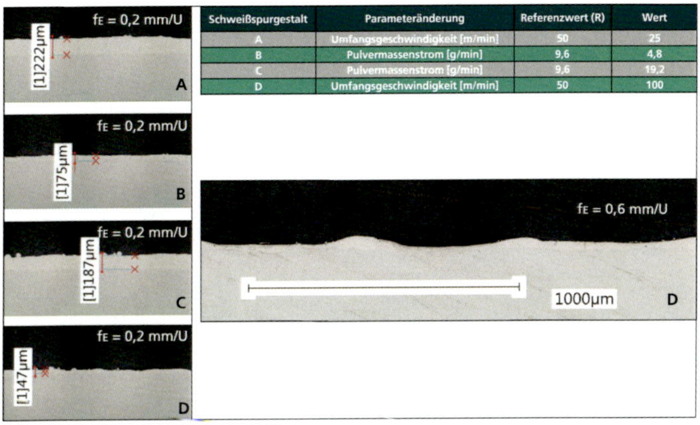

Schweißspurgestalt	Parameteränderung	Referenzwert (R)	Wert
A	Umfangsgeschwindigkeit [m/min]	50	25
B	Pulvermassenstrom [g/min]	9,6	4,8
C	Pulvermassenstrom [g/min]	9,6	19,2
D	Umfangsgeschwindigkeit [m/min]	50	100

Abbildung 91: Exemplarische metallographische Querschlitte von Beschichtungen hergestellt aus vier Grundformen (A) – (D) der Schweißspuren (Tabelle 5)

Formeln:

Sdq ist nach DIN EN ISO 25178-2:2012-09 ein Hybridparameter und beschreibt den mittleren quadratischen Gradienten der Oberfläche innerhalb des Definitionsbereichs (A) der skalenbegrenzten Oberfläche, Definition durch Gleichung (8.1).

8.1

$$S_{dq} = \sqrt{\frac{1}{A} \iint_A \left(\left(\frac{\partial z(x,y)}{\partial x} \right)^2 + \left(\frac{\partial z(x,y)}{\partial y} \right)^2 \right) dx\, dy}$$

Rdq ist nach DIN EN ISO 4287:1998 + AC:2008 + A1:2009 eine geometrische Kenngröße und beschreibt die mittlere örtliche Steigung des gemessenen Profils an einer Position nach Gleichung (8.2).

8.2

$$\frac{dz}{dx} = \frac{1}{60\,\Delta X} (z_{i+3} - 9z_{i+2} + 45z_{i+1} - 45z_{i-1} + 9z_{i-2} - z_{i-3}$$

8.4 Betreute Abschlussarbeiten

Ein Teil der in dieser Dissertation vorgestellten experimentellen Untersuchungen wurde im Rahmen der vom Verfasser dieser Dissertation betreuten Abschlussarbeiten durchgeführt:

Eduard Paul Weisser, Bachelorarbeit, 2022:
Einfluss der Substratoberfläche auf die Oberflächenbeschaffenheit der Beschichtung im EHLA-Verfahren

Tobias Schmickler, Masterarbeit, 2022:
Einfluss der Relativposition von Pulver-Gas-Strahl, Laserstrahl und Bauteiloberfläche auf die Oberflächenbeschaffenheit von mittels EHLA erzeugten Beschichtungen aus Inconel 625

Lukas Kreinest, Masterarbeit, 2022:
Untersuchung der Oberflächenbeschaffenheit anhand skalenbezogener Oberflächenstrukturen von mittels Extremen Hochgeschwindigkeits-Laserauftragschweißen (EHLA) erzeugten Beschichtungen aus Inconel 625

Tim Gaspers, Bachelorarbeit, 2021:
Einfluss des Spurversatzes auf die Oberflächenbeschaffenheit von mittels EHLA erzeugten Beschichtungen

Gesa Köhn-Otto, Bachelorarbeit, 2021:
Wirtschaftlichkeitsanalyse und theoretische Untersuchung der Einflussgrößen auf die Oberflächenbeschaffenheit von mittels EHLA erzeugten Beschichtungen

Christian Beckers, Masterarbeit, 2022:
Qualifizierung des Pore-X-Verfahrens zur Herstellung poröser metallischer Körper

Stephan Petzold, Masterarbeit, 2019:
Corrosion protection coatings using the EHLA process: Parameter development for improved adhesion of thermally sprayed wear protection coatings

9 Literaturangaben

[1] Stephan Lutter, Stefan Giljum, Mirko Lieber: Die Nutzung natürlicher Ressourcen. Bericht für Deutschland 2016. Dessau-Roßlau: Umweltbundesamt 2016

[2] Heinz Schandl, M. F.-K.: Global Material Flows and Resource Productivity. Assessment Report for the UNEP International Resource Panel. 2016

[3] Dasgupta, P., Dasgupta, A. u. Barrett, S.: Population, Ecological Footprint and the Sustainable Development Goals. Environmental & resource economics 84 (2023) 3, S. 659–675

[4] VDI - Zentrum Ressourceneffizienz: So einfach geht Ressourceneffizienz. Der Management-Leitfaden für Unternehmen (2016)

[5] Statistisches Bundesamt: Produzierendes Gewerbe - Kostenstruktur der Unternehmen des Verarbeitenden Gewerbes sowie des Bergbaus und der Gewinnung von Steinen und Erden. wissen.nutzen. (2018) Fachserie 4 Reihe 4.3

[6] Projektträger Karlsruhe, Produktion und Fertigungstechnologien (Hrsg.): Produktion in Deutschland hat Zukunft. Forschung für die Produktion von morgen. 10. Karlsruher Arbeitsgespräche Produktionsforschung 2010. Karlsruhe 2010

[7] Koch, G.: Cost of corrosion. In: Trends in Oil and Gas Corrosion Research and Technologies. Elsevier 2017, S. 3–30

[8] Sommer, K.: Verschleiß Metallischer Werkstoffe. Erscheinungsformen Sicher Beurteilen. Wiesbaden: Springer Vieweg. in Springer Fachmedien Wiesbaden GmbH 2010

[9] Schlottmann, D.: Auslegung Von Konstruktionselementen. Sicherheit, Lebensdauer und Zuverlässigkeit Im Maschinenbau. VDI-Buch Ser. Berlin, Heidelberg: Springer Berlin / Heidelberg 2016

[10] Czichos, H. u. Habig, K.-H.: Tribologie-Handbuch. Tribometrie, Tribomaterialien, Tribotechnik ; mit 123 Tabellen. Praxis. Wiesbaden: Vieweg + Teubner 2010

[11] Klocke, F.: Fertigungsverfahren 1. Berlin, Heidelberg: Springer Berlin Heidelberg 2018

[12] Roos, E., Maile, K. u. Seidenfuß, M.: Werkstoffkunde für Ingenieure. Berlin, Heidelberg: Springer Berlin Heidelberg 2017

[13] Stoll, M., Hörl, L. u. Haas, W.: Einfluss verschiedener Stangenoberflaechen auf PU-Nutringe und PTFE-Stufendichtringe. International Sealing Conference (2016), S. 204–218

[14] Nißler, U.: Dichtheit von Hydraulikstangendichtringen aus Polyurethan. Einfluss von Geometrieveränderungen an PU-Nutringen auf deren Dichtverhalten und Vergleich verschiedener Dichtheitsbewertungen. Zugl.: Stuttgart, Univ., Diss., 2015. Berichte aus dem Institut für Maschinenelemente, Bd. 161. Stuttgart: IMA 2015

[15] DIN EN ISO 8044:2020. *Korrosion von Metallen und Legierungen –. Grundbegriffe (ISO 8044:2020); Dreisprachige Fassung EN ISO 8044:2020*

[16] Grote, K.-H.: Dubbel. Taschenbuch Für Den Maschinenbau. Berlin, Heidelberg: Springer Berlin / Heidelberg 2011
[17] Tostmann, K.-H.: Korrosion. Ursachen und Vermeidung. Weinheim: Wiley-VCH 2005
[18] Mehner, T.: Zusammenhänge zwischen Werkstoff- und Oberflächenzustand und der Korrosionsanfälligkeit von Metallen. Chemnitz 2017
[19] Tang, Y., Dai, N., Wu, J., Jiang, Y. u. Li, J.: Effect of Surface Roughness on Pitting Corrosion of 2205 Duplex Stainless Steel Investigated by Electrochemical Noise Measurements. Materials (Basel, Switzerland) 12 (2019) 5
[20] Bellezze, T., Viceré, A., Giuliani, G., Sorrentino, E. u. Roventi, G.: Study of Localized Corrosion of AISI 430 and AISI 304 Batches Having Different Roughness. Metals 8 (2018) 4, S. 244
[21] Toloei, A. S., Stoilov, V. u. Northwood, D. O.: The effect of different surface topographies on the corrosion behaviour of nickel. Materials Characterisation VI. WIT Transactions on Engineering Sciences. WIT PressSouthampton, UK 2013, S. 193–204
[22] Toloei, A. S., Stoilov, V. u. Northwood, D. O.: Simultaneous effect of surface roughness and passivity on corrosion resistance of metals. Materials Characterisation VII. WIT Transactions on Engineering Sciences. WIT PressSouthampton, UK 2015, S. 355–367
[23] Böge, A. u. Böge, W. (Hrsg.): Handbuch Maschinenbau. Grundlagen und Anwendungen der Maschinenbau-Technik. SpringerLink Bücher. Wiesbaden: Springer Vieweg 2017
[24] DIN 8580 (Entwurf):2020. *Fertigungsverfahren - Begriffe, Einteilung*
[25] Bobzin, K.: Oberflachentechnik für Den Maschinenbau. Einführung in die Oberflächentechnik (2013)
[26] Schuler, V. u. Twrdek, J.: Praxiswissen Schweißtechnik. Wiesbaden: Springer Fachmedien Wiesbaden 2019
[27] Alexander Ohnesorge: Bestimmung des Aufmischungsgrades beim Laser-Pulver-Auftragschweißen mittels laserinduzierter Plasmaspektroskopie (LIPS) (2007)
[28] Gasser, A.: Oberflächenbehandlung metallischer Werkstoffe mit CO2-Laserstrahlung in der flüssigen Phase, Dissertation 1993
[29] Schopphoven, T.: Experimentelle und modelltheoretische Untersuchungen zum Extremen Hochgeschwindigkeits-Laserauftragschweißen, RWTH Aachen Dissertation. Aachen 2019
[30] Patent EHLA DE 10 2011 100 456 B4 2015 05 07. Extremes Hochgeschwindigkeitslaserauftragsschweißverfahren (2015)
[31] Schopphoven, T., Gasser, A. u. Backes, G.: EHLA: Extreme High-Speed Laser Material Deposition. Laser Technik Journal 14 (2017) 4, S. 26–29
[32] Univ.-Prof. Dr.-Ing. Kirsten Bobzin, Wolfgang Wietheger, M. S., Dr.-Ing. Martin Knoch, Jan Sommer, M. S. u. Matthias Brucki, M. Sc., Dr.-Ing. Thomas Schopphoven, Prof. Dr.-Ing. Johannes Henrich Schleifenbaum, Prof. Dr. rer. nat. Constantin Häfner: Combination of a laser deposition welded corrosion protection coating and a thermally sprayed wear protection coating. Thermal Spray Bulletin (2020)
[33] Xu, X., Lu, H., Qiu, J., Luo, K., Su, Y., Xing, F. u. Lu, J.: High-speed-rate direct energy deposition of Fe-based stainless steel: Process optimization, microstructural features, corrosion and wear resistance. Journal of Manufacturing Processes 75 (2022), S. 243–258

[34] Sevagin, S. V. u. Mnatsakanyan, V. U.: Ensuring the required manufacturing quality of hydraulic-cylinder rods in mining machines. IOP Conference Series: Materials Science and Engineering 709 (2020) 4, S. 44095

[35] Meekhanthong, K. u. Wirojanupatump, S.: Characterization and Comparison of Thermally Sprayed Hard Coatings as Alternative to Hard Chrome Plating. Advanced Materials Research 974 (2014), S. 183–187

[36] Zheng, Y.: Plating Hard Chrome Plating Alternative Technologies - HVOF Tungsten Carbide Coating. Advanced Materials Research 712-715 (2013), S. 395–398

[37] Astanin, V. K., Pukhov, E. V., Stekolnikov, Y. A., Emtsev, V. V. u. Golikova, O. A.: Hardening parts by chrome plating in manufacture and repair. IOP Conference Series: Materials Science and Engineering 327 (2018), S. 32008

[38] D.J. Varacalle, Jr., M.G. Ortiz, C.S. Miller, T.J. Steeper, A.J. Rotolico, ,1. Nerz, and W.L. Riggs il: HVOF Combustion Spraying of Inconel Powder. Journal of Thermal Spray Technology June 1993 158 Volume 2(2)

[39] Weingraber, H. u. Abou-Aly, M.: Handbuch Technische Oberflächen. Typologie, Messung und Gebrauchsverhalten. Wiesbaden: Vieweg+Teubner Verlag 1989

[40] DIN 4760. *Gestaltabweichungen. Begriffe Ordnungssystem*

[41] DIN EN ISO 21920-2:2020. *Geometrische Produktspezifikation (GPS) – Oberflächenbeschaffenheit: Profile –. Teil 2: Begriffe und Parameter für die Oberflächenbeschaffenheit (ISO/DIS 21920-2:2020);*

[42] DIN EN ISO 11562. *Geometrische Produktspezifikationen (GPS) Oberflächenbeschaffenheit: Tastschnittverfahren Meßtechnische Eigenschaften von phasenkorrekten Filtern*

[43] Advanced Techniques for Assessment Surface Topography (2003)

[44] EN ISO 16610-1. *Geometrische Produktspezifikation (GPS) – Filterung –. Teil 1: Überblick und grundlegende Konzepte (ISO 16610-1:2015);*. http://ebooks.ciando.com/book/index.cfm/bok_id/336459

[45] DIN EN ISO 4287. *Geometrische Produktspezifikation (GPS) – Oberflächenbeschaffenheit: Tastschnittverfahren –. Benennungen, Definitionen und Kenngroßen der Oberflächenbeschaffenheit (ISO 4287:1997 + Cor 1:1998 + Cor 2:2005 + Amd 1:2009);*

[46] Bobzin, K.: Oberflächentechnik für den Maschinenbau. Einführung in die Oberflächentechnik (2013)

[47] Willenborg, E.: Polieren von Werkzeugstählen mit Laserstrahlung, RWTH Aachen Dissertation. Aachen 2005

[48] Bobin, K., Sommer, J.: Beschichtungsrelevante Topographiekennwerte zur produktionsgerechten Substratvorbereitung für thermisch gespritzte Schichten opimierter Adhäsion - TopA". zu IGF-Vorhaben Nr. 18.090 N (2017)

[49] KEYENCE CORPORATION: Parameter der Oberflächenrauheit, 2022. https://www.keyence.de/ss/products/microscope/roughness/line/tab01_b.jsp, abgerufen am: 04.10.2022

[50] DIN EN ISO 4288. *Geometrische Produktspezifikationen (GPS) Oberflächenbeschaffenheit: Tastschnittverfahren. Geometrische Produktspezifikationen (GPS) Oberflächenbeschaffenheit:*

Tastschnittverfahren Regeln und Verfahren für die Beurteilung der Oberflächenbeschaffenheit (ISO 4288 : 1996) Deutsche Fassung EN ISO 4288 : 1997

[51] DIN EN ISO 25178-2:2012. *Geometrische Produktspezifikation (GPS) – Oberflächenbeschaffenheit: Flächenhaft –. Teil 2: Begriffe und Oberflächen-Kenngrößen (ISO 25178-2:2012); Deutsche Fassung EN ISO 25178-2:2012*

[52] Optische Messtechnik an technischen Oberflächen. Praxisorientierte lasergestützte Verfahren zur Untersuchung technischer Objekte hinsichtlich Form, Oberflächenstruktur und Beschichtung ; mit 4 Tabellen und 418 Literaturstellen. Renningen-Malmsheim: expert-Verl. 1998

[53] DIN EN ISO 25178-603. *Geometrische Produktspezifikation (GPS) – Oberflächenbeschaffenheit: Flächenhaft –. Teil 603: Merkmale von berührungslos messenden Geräten (phasenschiebende interferometrische Mikroskopie) (ISO 25178-603:2013);*

[54] Keferstein, C. P. u. Marxer, M.: Fertigungsmesstechnik. Wiesbaden: Springer Fachmedien Wiesbaden 2015

[55] Schuth, M. u. Buerakov, W.: Handbuch Optische Messtechnik. Praktische Anwendungen für Entwicklung, Versuch, Fertigung und Qualitätssicherung. Hanser eLibrary. München: Hanser 2017

[56] Wiehr, C.: Anwenderunterstützung bei der Nutzung und Überprüfung von optischen 3D-Oberflächenmessgeräten, Technische Universität Kaiserslautern Dissertation. Kaiserslautern 2019

[57] Pehnelt, S., Osten, W. u. Seewig, J.: Vergleichende Untersuchung optischer Oberflächenmessgeräte mit einem Chirp-Kalibriernormal. tm - Technisches Messen 78 (2011) 10, S. 457–462

[58] Matthias Brucki, Tobias Schmickler, Andres Gasser, Constantin Leon Häfner: Influence of the Relative Position of Powder-Gas-Jet and Laser Beam on the Surface Properties of Inconel 625 Coatings Produced by Extreme High-Speed Laser Material Deposition (EHLA). MDPI Coatings (2023)

[59] TRUMPF GmbH + Co. KG: Technisches Datenblatt TruDisk - Laserstrahlquelle (Jahr unbekannt)

[60] Verein Deutscher Ingenieure e.V.: VDI 3405. Additive manufacturing processes, rapid manufacturing - Beam melting of metallic parts Qualification, quality assurance and post processing (2013)

[61] G.D. Smith, D.J. Tillack, and S.J. Patel: Alloy 625 – Impressive Past/Significant Presence/Awesome Future (2001)

[62] Quadbeck, P.: Herstellung und Eigenschaften von Superlegierungen mit zellularem Gefügeaufbau, Universität Erlangen-Nürnberg Dissertation 2005

[63] ASM International - The Materials Information Company (Hrsg.): Properties and Selection: Nonferrous Alloys and Special-Purpose Materials. ASM Handbook Volume 2. 1992

[64] Barnes, J., Francqui, F. u. Dehoff, R.: Understanding metal powder requirements for Additive Manufacturing: Views from the industry. Metal Additive Manufacturing (2019) Metal AM Vol 5 No. 3, S. 175–182

[65] Pilehrood, A. E., Mashhuriazar, A., Baghdadi, A. H., Sajuri, Z. u. Omidvar, H.: Effect of Laser Metal Deposition Parameters on the Characteristics of Stellite 6 Deposited Layers on Precipitation-Hardened Stainless Steel. Materials (Basel, Switzerland) 14 (2021) 19

[66] Jonathan Schaible, Luis Andrea Hau, David Weber, Thomas Schopphoven, Constantin Häfner, Johannes Henrich Schleifenbaum: PARTICLE VELOCITY MEASUREMENT IN POWDER GAS JETS OF COAXIAL POWDER NOZZLES FOR LASER MATERIAL DEPOSITION. ICALEO (2020)

[67] Ocelík, V., Nenadl, O., Palavra, A. u. Hosson, J. de: On the geometry of coating layers formed by overlap. Surface and Coatings Technology 242 (2014), S. 54–61

[68] Matthias Brucki, Eduard Weisser, Andres Gasser, Thomas Schopphoven, Constantin Häfner: Einfluss der Substratoberfläche auf die Oberflächenbeschaffenheit von mittels EHLA erzeugten Beschichtungen. DVS Berichte (2021)

[69] Grote, K.-H., Bender, B. u. Göhlich, D.: Dubbel - Taschenbuch für den Maschinenbau. Berlin, Germany: Springer Vieweg 2018

In der Reihe **Ergebnisse aus der Lasertechnik** zuletzt erschienen:

Brucki, Matthias:
Extremes Hochgeschwindigkeits-Laserauftragschweißen – Prozesstechnologische Untersuchung der Oberflächenbeschaffenheit von Beschichtungen
ISBN: 978-3-98555-180-4
Erscheinungsdatum: 07.11.2023

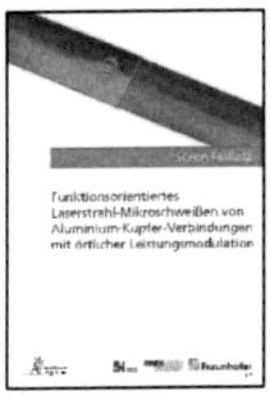

Hollatz, Sören:
Funktionsorientiertes Laserstrahl-Mikroschweißen von Aluminium-Kupfer-Verbindungen mit örtlicher Leistungsmodulation
ISBN: 978-3-98555-178-1
Erscheinungsdatum: 03.11.2023

Nguyen, Nam-Phong:
Laserdurchstrahlschweißen von transparenten Kunststoffen mit Thulium-Faserlaserstrahlung
ISBN: 978-3-98555-172-9
Erscheinungsdatum: 18.09.2023

Haasler, Dennis:
Tiefbohren in Metallen mittels ultrakurzen Laserpulsen
ISBN: 978-3-98555-119-4
Erscheinungsdatum: 24.11.2022

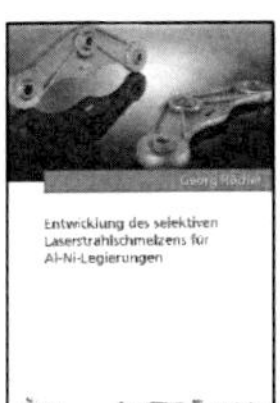

Rödler, Georg:
Entwicklung des selektiven Laserstrahlschmelzens für Al-Ni-Legierungen
ISBN: 978-3-98555-118-7
Erscheinungsdatum: 03.11.2022

Edition Wissenschaft
Apprimus

Ünal-Saewe, Talu:

Ortsaufgelöste Prozessüberwachung für die Additive Fertigung mittels laserbasierter Directed Energy Deposition

ISBN: 978-3-98555-113-2

Erscheinungsdatum: 10.10.2022

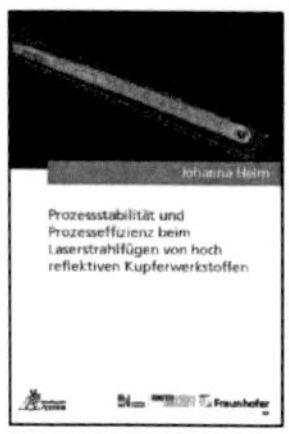

Helm, Johanna:

Prozessstabilität und Prozesseffizienz beim Laserstrahlfügen von hoch reflektiven Kupferwerkstoffen

ISBN: 978-3-98555-112-5

Erscheinungsdatum: 10.10.2022

Meineke, Georg:

Opto-kalorisches Schalten zur Sortierung fluoreszenzmarkierter Partikel in Mikrofluidiken

ISBN: 978-3-98555-109-5

Erscheinungsdatum: 10.10.2022

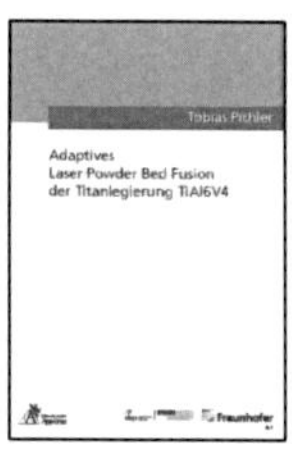

Pichler, Tobias:

Adaptives Laser Powder Bed Fusion der Titanlegierung TiAl6V4

ISBN: 978-3-98555-096-8

Erscheinungsdatum: 17.08.2022

Tenbrock, Christian:

Large-Format Machine for Multi-Scanner Laser Powder Bed Fusion

ISBN: 978-3-98555-091-3

Erscheinungsdatum: 27.07.2022

Edition Wissenschaft
Apprimus

MIX
Papier | Fördert gute Waldnutzung
FSC® C083411

Zeitfracht Medien GmbH
Ferdinand-Jühlke-Straße 7
99095 Erfurt, Deutschland
produktsicherheit@kolibri360.de